养猪生产基础导论

郭彤 编著

中国农业出版社
北京

前　言

农业是国民经济的基础，养猪是我国农业的优势产业，在国民经济中具有重要地位。我国养猪生产在改革中前进，在发展中壮大，科技含量不断增加，生产水平显著提高，取得举世瞩目的成就，成为当之无愧的世界养猪头数和猪肉总产量大国。

畜产品供应情况是衡量一个国家消费水平、营养水平、农业和经济发达程度的重要标志之一。我国猪肉产量约占肉类总产量的65%，养猪生产对改善人们的食物结构、增加动物性蛋白质的供给起到积极作用。依靠现代科学技术、经营管理和法律法规，面向市场、面向食品安全和人类健康，积极推动养猪生产达到高产、优质、高效的新水平，把生态养猪和“安全猪肉”生产落到实处。是养猪业可持续发展的保障。

养猪生产一定要坚实基础，根深才能叶茂。养猪生产基础是本书论述的主要内容，共分三部分，包括遗传基础、物质基础和生存基础。

第一部分为遗传基础。主要介绍如何选好、养好、用好种猪，将优良的特性遗传给后代。饲养种猪的目的是为了得到量多质优的后裔，获得良好的经济效益。猪的繁殖力是养猪生产中最重要的生产指标，直接影响生产成本和饲养效益。加强对种猪的认识，严格按选种程序选留种猪，根据一系列测定结果，按成绩选出最突出的个体。要从经政府主管部门正式批准的种猪场引种，确保引进高质量的种猪。

第二部分为物质基础。饲料是养猪的物质基础，猪维持正常生命活动和生产产品所需要的营养物质都来自饲料。猪采食饲料后，在体内经过消化、吸收等一系列复杂的转化过程，以维持自身需要和生产产品。饲料的饲用价值，不仅取决于营养物质的含量，也取决于营养物质间的比例。本书在介绍各种营养物质作用的基础上，还着重介绍了各种营养物质在机体内的消化和代谢中的相互关系，以便养殖场有效的利用饲料，获得最好的饲养效益。

第三部分为生存基础。生存基础是指猪的生存环境及影响因素，包括猪场与猪舍，保健、防疫等。环境因素是非常复杂的，经常以各种方式和不同途径，单独或综合地对猪体发生作用和影响，环境温度、湿度、气流、有害气体、灰尘和微生物、噪声等对猪的健康和生产水平都有一定影响。现代养猪由于规模大、头数多、密度高，使猪对营养和饲养管理等条件的变化更为敏感。实施科学饲养管理是猪群保健的基础，认真搞好防疫是保健的关键，这些管理是提高猪只对不良环境条件抵抗力的有效措施。

本书力求理论联系实际，做到由浅入深、通俗易懂，希望给养猪生产经营者有益的启迪，重视养猪生产基础，将会带来丰厚的回报。

在本书撰写过程中参阅了很多前辈和同仁的著作和论文，特致谢意。由于作者水平有限，错误和不足之处敬请指正。

郭　彤

目　　录

第一部分　猪的遗传基础

养猪生产是一个相对独立的由许多子系统构成的系统工程。其中包括圈舍建筑、种猪选择、饲料生产与供应、废物处理、设备生产与维修、兽医保健和经营管理等子系统，只有这些子系统协调有效地运转才能产生最佳的养猪效益。整个过程实质上就是生物再生产的过程，猪既是生产资料又是生产产品，最终目的是最大限度地提高猪肉生产效率、满足社会对猪肉及其制品的要求并获取一定的利润。因此，在养猪生产中要重点运用好四个方面的技术，即遗传育种、饲养营养、疾病防制和环境控制。其中遗传育种是重要环节，优良品种的使用是十分重要的遗传基础，品种和品系培育、杂种优势利用、推广和繁育体系的建立和完善，直接影响养猪生产的效率和效益，有时甚至起决定性作用。

一、种猪的作用

（一）种猪

种猪即用来作为种用的猪，包括种公猪、种母猪和后备猪。不是所有猪场的公猪和母猪都是种猪，大多数的性能达不到种用要求，所以不能把公猪和母猪与种猪画等号。一般的公猪和母猪仅能理解为未经去势、可以繁殖后代的猪，其产仔数少、初生重和断奶重小、成活率低，所产后代体重达 90～100kg 需时长、耗料多、成本高、效益低。

种猪是经测定站、种猪场经过一系列严格测定，根据测定成绩，从中选出突出的个体作为种用的猪。一些种猪场根据测定成绩评定等级，最优的定为特等、次优的定为一等、较优的定为二等，母猪可评定到三等，等外的一律不能作为种猪出售。

（二）选择进展

为了不断提高养猪生产速度、降低饲料消耗、提高瘦肉产量、改善胴体品质和提高饲养效益，必须重视遗传基础，采用选择技术，通过选择保持和提高某些优良的特性，克服存在的缺点，扩大性能优秀的猪群数量。浙江农业科学院对杜洛克猪进行了为期五年（1986—1991）的选择，使其日增重由650g提高到750g，每千克增重耗料由3.1kg降到2.7kg，背膘厚由2.0cm降到1.6cm，胴体瘦肉率由60%增加到64.0%。

（三）纯种猪不等于种猪

在一些养猪场，经常听到只要是纯种都可用来作种用的说法，这种说法是不正确的。来自不同国家或来自同一个国家的同一个品种，其遗传基础和性能均存在一定差异；半同胞或全同胞猪中有的个体评为特等、一等或二等，有的评为等外。可见，纯种猪能否作种用，一定要经过严格测定和选择，不能认为凡纯种猪都可以作为种用。

（四）杂种猪也能作种用

有人认为杂种猪不能作种用，这种看法是很片面的。杂种优势对养猪生产的作用已被公认，但优势的显现受遗传与环境的制约，就是说杂种猪不是在任何情况下都能表现出优势。三元杂种肥猪、四元杂种肥猪以及双杂交猪受到商品猪场和市场的好评，三元杂种猪就是利用第二父本与杂种一代母猪交配所生，双交杂种猪是利用杂种一代公猪和杂种一代母猪交配所生，表明杂种可以作为种猪，但必须进行严格选择。对杂交亲本和杂种后裔不进行严格选择，就作为种猪进行杂交的做法，很难取得和保持杂种优势。

（五）出种率高低

出种率可理解为种猪所繁殖的后代中，留作种用的猪所占比例。

怎样看待出种率的高低，在严格按照科学程序进行测定、认真评定的前提下，出种率适当高一些是正常的，是可以理解的，表明该场种猪的质量好。否则，出种率高就很难保证种用猪的质量，因为留种比例高，选择强度就小，必然影响选择反应，最终影响种猪质量。

（六）遗传潜力的挖掘

猪的繁殖是养猪生产中的关键环节，饲养种猪的目的就是为了得到量多质优的仔猪。猪的繁殖力是养猪生产中一项重要经济指标，直接影响到养猪成本和经济效益的高低。要加强对种猪作用的认识，常言道："公猪好、好一坡；母猪好，好一窝。"如采用人工授精，就应改为"母猪好，好几窝；公猪好，好满坡"。可见，种猪是影响养猪生产全局的重要因素，遗传是基础，要严格依据测定结果选留种猪。

明智的经营者十分重视种猪的投入，重视选种，以充分挖掘优良种猪的遗传潜力，提高生产水平和经济效益。应当改变"见母就留"和凡猪皆可作种的观念，坚持好中选优，才能为养猪生产打好坚实的遗传基础。

（七）引种

有人认为引种成本高。种猪是猪场生产产品的"母机"，其质量关系到生产水平、产品质量和经济效益的高低，从全局和长远利益考虑，加大种猪的投入是应该的。小规模的猪场，可否从本场繁殖的后代中选留种猪，主要看本场猪群的质量如何，在质量好和技术人员水平较高的前提下，可从后代中选留后备母猪，最好不要选留后备公猪，公猪的更新仍需要引入。

引种带病风险的控制。引种时一定要进行认真的调查研究，从具有可靠免疫、有良好供种信誉、没有特定传染病的种猪场引种。从健康猪群里挑选，做到好中选优，最好从一个种猪场一次引入所需种猪。装运种猪的车辆要进行严格消毒，一定做到安全运输，到场后进行隔离饲养，认真进行观察。

引种的选择。选择时，首先要看档案，了解父、母和祖代猪的基本情况，通常所说“看母选仔”是有道理的。还要看个体本身，按品种要求从体形外貌上看纯度，再看体质、结构、肢蹄、外生殖器、乳头和步态等。体质结实、结构匀称、肢蹄健康、四肢高而粗壮，有效乳头多（有翻乳头、瞎乳头等乳头缺者一律不能作种用），公猪睾丸发育要好、应对称（有遗传疾患的猪不能作种用），母猪的外生殖器发育正常，个体的初生重、断奶重、70日龄重要高于全窝的平均值。最好引入体重90kg左右的种猪，一定选购等级猪，种公猪的等级应高于种母猪的等级，种公猪的作用大于种母猪。

（八）种猪场

经政府主管部门正式批准，可以经销种猪的场称为种猪场。从种猪场引种是很可靠的。种猪场承担着育种、制种、选种和售后服务的任务。种猪场要面向社会，服务于养猪生产，必须把质量和信誉放在首位。种猪场应公示选种程序、测定项目、评等依据、各等级猪的耳标号码等，做到优质优价，确保种猪质量。等外猪一律不能作为种猪出售，有遗传疾患的种猪及其后裔应全部淘汰，种猪出场前要实施有效免疫，应将运输途中和到达后的注意事项、猪的档案材料交给购猪单位。

（九）猪人工授精

人工授精可以提高优秀种公猪的利用率，使优良基因得以扩散，有利于减少疾病传播，减少公猪的饲养量，提高饲养效益。猪人工授精服务中心有能力引进高品质的种猪，提供各品种猪的系列精液，可以让各级猪场共享优质种公猪资源，对提高养猪生产水平和产品质量起到很大的作用。

（十）提高母猪年生产力

采用技术措施提高母猪的窝产仔数，实施仔猪早期断奶，缩短配种间隔，提高母猪的年产仔窝数，充分挖掘种猪的生产潜力，提高年生产力。

二、猪的性状分类

猪的特性特征和品质优劣是通过许多性状表现出来的，可将猪的性状分为质量性状、数量性状和阈性状三类。

（一）质量性状

质量性状从表型上很容易区分，表现为不连续的变异。一般是由单一位点或几个位点的基因所控制，其表型受环境的影响不大，属于这一类的性状有毛色、耳型、遗传缺陷（隐睾、阴囊疝、脐疝、内陷乳头、畸形乳头、锁肛、血友病、综合应激征等）、血型等。

（二）数量性状

数量性状是指在遗传上受多数微效基因控制，在表型上表现为连续且受环境因素影响大的一类性状，如产仔数、日增重、饲料利用率、胴体瘦肉率以及各种体尺性状等。

（三）阈性状

阈性状是指在遗传上由多基因控制，表型上表现为不连续的性状，如抗病力、适应性、肉色、难产等。

三、主要数量性状及其度量方法

（一）繁殖性状

（1）产仔数　出生时同一窝的仔猪数，包括死胎、木乃伊胎和畸形及产后即死的猪在内的一窝总仔猪数。产活仔数是指出生时同一窝内存活仔猪数，包括体弱的仔猪在内。

（2）育成仔猪数　断奶时一窝仔猪的头数，包括寄养的仔猪在内。

（3）育成率或哺育率　即断奶时一窝育成仔猪数占活产仔数的百分比，应在产活仔数中加入寄养的仔猪数，减去寄出的仔猪数。

（4）初生重与初生窝重　初生重是指仔猪初生时的个体重，最迟应在生后不超过12h称重，只测初生时存活仔猪的体重。全窝仔猪的总重即初生窝重。

（5）母猪泌乳力　母猪泌乳力是以仔猪20日龄时窝重来表示，包括寄养仔猪在内。

（6）断奶个体重和断奶窝重　断奶个体重是指断奶时个体的重量。同窝仔猪个体重的总和为断奶窝重，包括寄养的仔猪在内，一般应在早晨空腹时称重。

（二）生长育肥性状

1. 育肥期全期平均增重

猪在某一段时间内每天体重的增加量，通常从体重25kg开始至体重达90kg或100kg结束，计算公式为：

$$日增重(g/d)=\frac{结束体重(kg)-开始体重(kg)}{饲养天数(d)}\times 1\,000$$

一般应在开始或结束时连续3天于早晨空腹称重，以3次称重的平均值作为始重和末重。

2. 体重达90kg或100kg日龄

指从初生至体重达90kg或100kg时的饲养天数。

3. 单位增重饲料消耗量（或称饲料利用率）

指育肥全期每千克增重所消耗的风干饲料量，如喂青饲料或粗饲料，应按各种饲料分别计算，将全部饲料统一折算为每千克增重所消耗的饲料、消化能和消化粗蛋白质（单位为kg/kg、MJ/kg、g/kg）

4. 活体背膘厚度

一般用于种用后备公、母猪或同胞后裔猪的测定，于6月龄体重达90kg左右时测量。

（1）超声波测膘　一般量取胸腰椎结合处距背中线4cm处。有三个测量点：A点为由肘头沿肩胛骨后缘与背线垂直的交点；B点为胸腰椎结合处；C点为膝关节与背线垂直的交点，三点均离背线4cm处测量。被测猪站立保定，测定时剪毛，给测量探头涂以轻油，使其与皮肤垂直紧密贴合。

（2）尺刺测膘　猪站立保定，测定处剪毛，局部消毒，以小刀与背线垂直方向，距背线2.5cm处开口0.5cm，清洁创口，将探尺垂直插入穿过皮下脂肪抵达背最长肌肌膜，手感应有抵触，然后将游标紧靠皮肤表面固定后，抽出读数。

（3）边膘　于胸腰椎结合处，距背中线8cm处，以超声波测膘仪测定。

（4）眼肌厚度　与边膘同一部位，以超声波测定眼肌厚度。

（三）胴体性状

一般是在育肥试验结束时，在屠宰测定的基础上进行有关性状的测定。

（1）宰前活重　体重达到屠宰时，宰前24h称取的重量。

（2）胴体重　育肥猪经放血、脱毛，切除头、尾、蹄，开腔去内脏，然后劈半，称取两片肉（包括板油和肾脏）重量之和为胴体重。

（3）屠宰率　胴体重占宰前活重的比率。

（4）胴体长　将肉片悬挂量取。胴体长一般有两种测量方法。胴体斜长是从耻骨联合前缘至第一肋骨与胸骨结合处的长度。胴体直长是从耻骨联合前缘至第一颈椎的长度。

（5）膘厚与皮厚　测量方法有两种。一种方法是测量左侧胴体第六和第七胸椎结合处的膘厚与皮厚；另一种是测定三个部位的膘厚与皮厚，以平均值表示，三个部位依次是肩部最厚处、胸腰椎结合处和腰间椎结合处。

（6）眼肌面积　指背最长肌的横断面积，于胸腰椎结合处垂直切下，用求积仪测量。亦可在活体上用超声波测定，也可以用下列公式计算：

$$眼肌面积(cm^2) = 眼肌最大高度(cm) \times 眼肌最大宽度(cm) \times 0.7$$

（7）后腿比例　为包括臀和后腿在内的后腿重占胴体重的比例。

我国在猪的最后腰椎间垂直于背线切下，国外多在腰荐结合处垂直于背线切下。

（8）花板油比例　指花油和板油重占胴体总重量的百分比（由左半胴体测算）

（9）瘦肉率　即胴体中（指左半胴体，去板油和肾脏）剥离瘦肉、肥肉、皮、骨后瘦肉重占瘦肉、肥肉、骨、皮总重量的百分比。

（四）肉脂品质性状（有些性状不属于数量性状）

在提高猪产肉能力的同时，必须注意肉、脂的品质。评定肉脂品质的具体指标有肉色、风味、嫩度、系水力、大理石纹、肌肉的pH、贮存损失、熟肉率、脂肪的颜色、碘价、皂化价、熔点等。

猪的生长育肥性状、胴体性状、肉脂品质性状都属于产肉力性状，多数属于数量性状。

1. 肉色

从胸腰椎结合处背最长肌横断面取肉样。宰后1～2h的新鲜肉样，冷却后在冰箱中（4℃左右）存放24h，室内白天正常光度（不允许阳光直射肉样测定面，也不允许在室内阴暗处）下测定。按5级评分标准图评定：1分为灰白色（PSE肉色），2分为轻度灰白色（倾向PSE肉色），3分为亮红色（正常肉色），4分为稍深红色（正常肉色），5分为暗紫色（DFD肉色）。3分和4分是理想肉色，1分和5分是异常肉色，2分为倾向异常肉色。

2. 肌肉pH

最末胸椎处背最长肌中心适于判定PSE肉。头半棘肌中心部位适于测定DFD肉。猪停止呼吸后45min内测定背最长肌的pH，宰后24h测定头半棘肌pH。用酸度计测定，测定前严格按仪器使用说明进行调试，测定中应保持电极的清洁。将电极直接插入测定部位，或于宰后45min内在最后肋骨处距离背中线6cm开口取背最长肌肉样，置于玻璃皿中，将电极直接插入肉样测量，所测pH用pH_1表示。正常背最长肌的pH_1，多在6.0～6.5。如果$pH_1<5.9$，又有肉色苍白、结构松散和大量渗水现象，可判定为PSE肉。凡头半棘肌$pH_1>$

6.5，可判为DFD肉。

3. 系水力

指肌肉蛋白质保持其内含水分的能力。用加压重量法度量肌肉的失水率来表示，即失水率愈高，系水力愈低。取第1～2腰椎处的背最长肌，切取厚度为1.0cm的薄片，再用直径为2.532cm的圆形取样器（圆面积为5.0cm^2）切取肉样。用改装的土壤允许膨胀压缩仪，在测定前加压至仪器的最大负荷（每台仪器出厂前均有此测定值）反复三次。如果连续使用时，不必重复。仪器放置2h后再使用时，必须重复加压至最大负荷三次，以保证测定的准确性。将宰后2h切取的肉样放在不吸水的硬橡胶板上进行测量。用感应量0.001g的天平称量肉样重量，然后将肉样置于两层医用纱布或塑料网膜之间，上下各垫18层滤纸（新华1号方块中速定性滤纸），滤纸外层各放一块书写用塑料垫板，然后置于土壤允许膨胀压缩仪平台上，匀速摇动摇把加压至35kg，并保持5min（用自动计时器控制时间）撤除压力后立即称量压后的肉样重。

计算公式：

$$\text{失水率}(\%)=\frac{\text{压有肉样重}(g)-\text{压后肉样重}(g)}{\text{压前肉样重}(g)}\times 100\%$$

$$\text{系水率}=1-\text{失水率}$$

$$\text{系水率}(\%)=\frac{\text{肌肉总水分重}(g)-\text{肉样失水重}(g)}{\text{肌肉总水分重}(g)}\times 100\%$$

二者计算的结果呈极强的正相关（$r>0.95$）

4. 肌肉大理石纹

指肌肉内可见脂肪的分布情况。在最末胸椎与第一腰椎结合处的背最长肌横断面，结合肉色评定的同时观察，应注明新鲜或冷却肉样。应对照大理石纹标准评分。1分为脂肪呈痕迹量分布；2分为脂肪呈微量分布；3分为脂肪呈少量分布；4分为脂肪呈适量分布；5分为脂肪呈过量分布，3分和4分为理想分布。

5. 熟肉率

以左侧或右侧尽可能完整的腰大肌测定。宰后2～3h测定，剥离腰大肌外膜和附着的脂肪后称重（感量为 0.1g），置于铝锅蒸屉上用沸水蒸 45min，蒸后取出吊挂阴凉处 30min 后称重。

计算公式：

$$熟肉率(\%) = \frac{蒸后肉样重(g)}{蒸前肉样重(g)} \times 100\%$$

6. 化学成分

包括水分、蛋白质、脂肪的测定，于 3～5 腰椎处背最长肌中心部位取样。宰后 2～3h 内取样后立即准确称重（以免水分损失）。如不能立即分析，应保存于冰箱中。用各种营养成分占鲜肉样重量的百分数表示。按常规方法测定水分、粗脂肪、粗蛋白质。

（1）水分的测定　取匀化样品 50g 左右，置于已知重量的培养皿中铺匀，要求样品铺面高度占培养皿高度的 1/3，盖上盖称重，放置于真空干燥箱中，以 95～100℃在 26.66 kPa 压力下干燥至恒重，以减差法计算水分百分含量。在干燥过程中，要注意排除真空烘箱中底层存留的水分，而且需用手指检查水分是否有滑感，如有表明样品有油脂挥发，要查出原因加以克服。干燥后的样品应立即粉碎，供测定其他成分所用。取样 5g 左右，放入经定量处理过的砂或石棉粉的铝盒中，按样品重：砂＝1∶(4～7) 混匀称重，放在 100～105℃烘箱干燥至恒温重，以减差法计算水分百分含量。

石棉处理是将石棉置于 700℃高温中灼烧 2h，冷却，研碎成粉，置广口瓶备用。砂处理是先过 0.44mm（40 目）筛，用清水、蒸馏水洗净后，再以 2%盐酸溶液浸泡 24h，用过滤法以蒸馏水洗至中性，放于广口瓶中备用。

（2）蛋白质的测定　用新鲜样品或用粉碎样品（经真空干燥），鲜样须用匀浆后的样品，样重应不少于 5g。移入干燥的 500mL（或 250mL）凯氏烧瓶中，加入 0.2g 硫酸铜、3g 硫酸钾及 20mL 硫酸进行消化，稍摇匀后于瓶口放一小漏斗，将瓶以 45°角斜支于有小孔的石棉网上。小心加热，待内容物全部炭化，泡沫完全停止后，加强火力（360～410℃），并保持瓶内液体微沸至液体呈蓝绿色澄清透明后，再继续加热 0.5h。取下放冷，小心加 20mL 水，放冷后，移入

100mL 容量瓶中，并用少量水洗定氮瓶，洗液并入容量瓶中。再加水至刻度，混匀备用。然后用 FOSS 全自动凯氏定氮仪进行测定。

（3）肌肉脂肪含量的测定（甲醇—氯仿浸提法）　肌肉鲜样经甲醇研磨脱水和氯仿研磨浸提后，过滤定容，取定量的浸提液烘干，计算其粗脂肪含量。具体操作：

取匀化鲜样 10.0g（记为 W_1），置于洁净的研钵中，加入少量（约 10ml）甲醇，用力研磨，将研磨液无损倒入 250ml 洁净、编号带盖的三角瓶中，重复操作直到甲醇用量达 60ml；再加少量氯仿（约 15ml），用力研磨，研磨液无损倒入同一个三角瓶中，重复此操作至氯仿用量达 90ml；然后将残渣倒入同一个三角瓶中，用 10ml 甲醇、20ml 氯仿洗涤研钵，洗液一并倒入同一个三角瓶中，摇匀后加盖静置 12～14h。

浸提液经中速定量滤纸过滤到 250ml 筒形刻度分液漏斗或 250ml 带盖筒中，用约 10ml 甲醇、20ml 氯仿洗涤三角瓶和残渣，而后加入 30ml 蒸馏水，加盖后旋摇 1～2min，静置分相。上层为水、甲醇层，下层为氯仿、脂肪层。记录氯仿脂肪层总容积（记为 V_1）。

取 50ml（记为 V_2），置氯仿脂肪层混合液于已知重并编号的 50ml 烧杯中，在电热板上加热；待氯仿挥发完后，将烧杯置于 100℃烘干 0.5h，冷却称重；烧杯增加的重即为脂肪重（记为 W_2），以下式计算粗脂肪含量：

$$\text{鲜样粗脂肪含量} = \frac{W_2}{W_1} \times \frac{V_2}{V_1} \times 100\%$$

7. 氟烷测定

氟烷是一种麻醉剂。氟烷测验是根据幼猪吸入氟烷后的反应症状，判断应激敏感综合征的重要手段。使用氟烷麻醉仪，把混有氧气的氟烷通过面罩让猪吸收。氟烷浓度始终保持 3%～5%，测定时间 3～5min，混合气体流量 2～3L/min。阳性猪 1min 出现反应，主要症状是后肢肌肉强直痉挛，典型症状是全身肌肉僵直，背最长肌呈弓形、强直，伴有心跳、呼吸加快和体温升高。一旦判明阳性反应，立即终止氟烷吸入，以免激发难以恢复和可能致死的恶性高温综合征。

阴性猪在氟烷麻醉过程中全身肌肉松弛。氟烷测验通常在猪 8～10 周龄时进行。

四、性状的选择原理与选择方法

为了提高猪的生产性能，必须通过选择来保持和提高某些优良特性，克服存在的缺点。

（一）选择原理

选择过程实际上是挑选部分优秀的个体，使之成为下一代的种猪，属于人工选择的范畴。人为的决定将某些性状优良的个体作为种用，目的是增加群体中有利等位基因的频率，以增加猪群的遗传潜力，促使猪群向高产方向发生转变。

1. 选择性状

猪的选择性状分为质量性状和数量性状，人们关心和改良的主要是与经济密切相关的数量性状。瘦肉型猪的育种中一般将猪种分为父系猪种和母系猪种，即父本专门化品系和母本专门化品系。父系猪在选择过程中的主选性状是日增重、饲料转化效率、瘦肉率等；母系猪在选择过程中的主选性状是繁殖性状。

（1）生长性状　包括生长速度（平均日增重、体重达 90kg 或 100kg 的日龄）、饲料转换率、平均日采食饲料量等。生长性状的遗传力中等（h^2＝0.2～0.4），选择容易见效。

（2）繁殖性状　包括产仔数、初生个体重、初生窝重、断奶个体重、断奶窝重、泌乳力、乳头数等。这类性状虽有较大的表型变异，但遗传力均较低（h^2＝0.05～0.1），遗传改良的难度大。

（3）胴体性状　包括背膘厚、瘦肉率、眼肌面积、后腿比例等，这类性状有较高的遗传力（h^2＝0.4～0.6）。主要改良性状是瘦肉率，但不能在活体上测量，一般采用背膘厚作选择指标，选择降低背膘厚可提高瘦肉率。

（4）肉质性状　包括肉色、系水力、pH、肌肉嫩度等。这类性状随着胴体瘦肉率的提高，猪的肉质有变劣的倾向。

同时对所有的性状都要进行遗传改良是很难做到的，因为选择的性状越多，每个性状所得到的遗传进展越小。

2. 性状的遗传变异

对遗传力相同或相近的性状来说，群内变异越大，获得的选择反应也越大，这种变异必须是可以遗传的，选择才会有意义。如果性状表型的变化是由环境造成，与遗传因素无关，说明选择没有产生作用。猪的经济性状遗传变异程度的大小 一般可用遗传力表示，性状的遗传力越高，遗传变异也越大，选择容易得到实效。

3. 选择群体规模

选择群体应有一定规模，基础群的遗传潜力是决定选择成败的关键，建立选择基础群是决定遗传改良的起点，这个群体的遗传潜力高，改良效果就会好。基础群的规模要依选择的性状而定，选择生长和胴体性状时，50～100头母猪的群体规模即可，选择繁殖性状时需要的母猪群体规模应该更大。选育群中的公猪比例要高一些，公、母比例1∶(5～10)。

4. 性能测定与个体比较

选择的目的是挑选遗传上优秀的个体作为种用，但猪的性能表现是环境与遗传互作的结果。性能测定实际上就是个体之间的比较，如何处理环境对性能的影响十分重要。要注意两个方面：在相同环境下（即相同日龄的猪、气候条件、营养水平、饲养管理等）测定所有个体；在不同环境下测定，要求每种环境中都有亲属，用亲属的性能估计环境效应。

（二）选择方法

种猪的优良性能要通过不断选择才能得到巩固和提高。猪的选择方法有多种，关键是提高选择的准确性。应充分利用所有信息，准确选出优秀个体，实现最大的遗传改进量。

1. 单性状选择

单性状选择就是在选择方案中只选择一个性状，单性状选择方法建立在个体表型值和家系均值上。

（1）个体选择　根据个体性能测定结果进行选择，这一方法适用于中高遗传力的性状，如选择生长速度、饲料利用率或瘦肉率（通过活体测膘）。个体选择方法简单易行，测定群体可以较大，以加大选择强度、缩短世代间隔。缺点是信息少、准确度低，对遗传力低的性状以及需屠宰测定的性状不宜采用。

（2）家系选择　根据家系均值进行选择，选留和淘汰均以家系为单位进行。家系是指全同胞或半同胞家系。这一方法适于遗传力低的性状（繁殖性状等），并要求家系大、由共同环境造成的家系间差异或家系内相关小。

与家系选择有关的是同胞选择，家系选择的依据是包括被选个体本身成绩在内的家系均值，同胞选择根据同胞的成绩（不包括被选个体的家系均值）进行。对产仔数这一限性性状，公猪用同胞选择，母猪用家系选择。同胞选择还用于育肥性状和胴体组成性状的选择（同胞测定）。

（3）家系内选择　根据个体表型值和家系均值的偏差（家系内离差）进行选择。这一方法适用于遗传力低的性状，选择准确性要高于其他方法。该方法要求根据性状的遗传特性和家系信息来源制定合并选择指数。其公式是：

$$I = P_x + \left[\frac{y-t}{1-r} \cdot \frac{n}{1-(n-1)t}\right] \cdot P_t$$

式中：I——合并选择指数；

P_x——个体 x 的表型值；

P_t——家系均值；

n——家系含量；

r——同胞相关（全同胞为0.5，半同胞为0.25）；

t——家系成员间的表型相关。

（4）后裔测定　根据个体全部后裔的表型均值进行选择，主要用于公猪的评定和选择。这一方法的准确度高于个体选择或同胞选择。其缺点是世代间隔太长，测定所需投资大。

（5）测定信息的利用　计算育种值的个体与亲属的亲缘关系越密切，预测育种值价值也越高。全同胞的性能数据比半同胞更准确，父母性能数据比祖父母更准确。对于中高遗传力的性状，同胞和系谱祖先的资料的准确度低于个体本身的测定数据。用亲属的信息估计育种值对于低遗传力的性状、限性性状或屠宰后才能获得的性状是最有用的。在实践中，可应用任何来源的信息，包括个体本身的、同胞的、祖先的、后裔的，组成一个复合指数（可应用 BLUP 法）来估计个体的育种值，达到提高选择准确度的目的。

采用各种选择信息产生的相对选择准确度见表 1-1。选择平均日增重时 h^2=0.3。个体测定和后裔测定产生的遗传进度比较见表 1-2。

表 1-1　用于选择的各种信息相对准确度

性状遗传力	个体信息	父母信息	父母和祖父母信息	全同胞		半同胞		后裔	
				2	8	5	40	10	120
0.1（产仔数）	0.32	0.22	0.27	0.22	0.38	0.17	0.36	0.45	0.87
0.3（日增重）	0.55	0.39	0.43	0.36	0.54	0.27	0.44	0.70	0.95
0.5（背膘厚）	0.71	0.50	0.53	0.45	0.60	0.32	0.46	0.77	0.97

表 1-2　选择日增重个体测定和后裔测定产生的遗传进度比较

测定方法	测定公猪数	准确度	选留公猪数	选择强度	世代间隔	每年遗传进展比较
个体测定	1 000	0.55	20	2.42	1	476
	1 000	0.55	30	2.27	1	446
	1 000	0.55	40	2.15	1	422
	1 000	0.55	50	1.76	1	346
后裔测定（每头公猪 10 个后代）	100	0.70	20	1.42	2	178
	100	0.70	30	1.16	2	145
	100	0.70	40	0.97	2	121
	100	0.70	50	0.80	2	100

资料来源于《中国养猪大成》。

2. 多性状选择

猪的生产性能是由多性状决定的，各性状间存在着不同程度的相关，如果只进行单性状选择，尽管在该性状取得很好的遗传进展，但会影响其他性状的改进。

（1）顺序选择法　每次只选择一个性状，直到这一性状得到改良，再选择第二个性状、第三个性状，依次选择，直到每个性状达到育种目标为止。这一方法对某一性状改良速度比较快，但改良多个性状则耗时很长，没有考虑性状相关，易造成顾此失彼。因此，这一方法很少被采用。

（2）独立淘汰法　对各个被选性状规定一个淘汰标准，被选个体只要一项指标未达标准就淘汰。这一方法会把某些性状十分优异、个别性状表现稍差的猪淘汰掉；选择的性状越多，中选的个体越少；往往留下来的猪是各个性状表现一般的猪。这一方法很少用于重要经济性状的选择。

（3）综合指数选择法　该方法是根据性状的遗传力、性状间的相关以及各性状的经济加权值制定的，这一方法能较全面地反映一头种猪的种用价值。现以山西瘦肉型猪母本专门化品系综合指数选择为例简介如下。

根据选育目标，把遗传力较高的活体背膘与遗传力中等的日增重作为主选性状。繁殖性状的选择，断奶时由大窝中选留。选择依据以供选个体本身的生长发育为主，参考同胞测定的胴体性状。在断奶、4月龄、6月龄进行选择。断奶时根据窝产仔数、断奶窝重、头型、体型、乳头状况以及毛色等进行第一次选留。6月龄根据供选个体生长发育的测定数据，用日增重、活体背膘厚和外形评分，组成综合选择指数，公式为：

$$I = \sum_{i=1}^{n} \cdot \frac{w_1 h_1^2 p_1 \times 100}{\bar{p} \sum w_1 h_1^2}$$

代入数值整理，得

$$I = 1.17P_1/\bar{p}_1 - 1.25P_2/\bar{p}_2 + P_3/\bar{p}_3$$

式中：P_1——个体日增重；

$\bar{p}_1$——群体平均日增重；

h_1^2——0.35；

W_1——0.4；

P_2——个体背膘厚；

$\bar{p}_2$——群体背膘厚；

h_2^2——0.5；

W_2——0.3；

P_3——个体评分；

$\bar{p}_3$——群体平均评分；

h_3^2——0.40；

W_3——0.3。

根据指数大小，并参考同胞育肥测定结果（主要是胴体性状），适当考虑父系血统进行选择。6月龄选择数略多于群体继代选育的规定头数，保证8月龄时足数配种。

五、阶段选择和种猪选择标准

（一）阶段选择

猪的性状是在发育过程中逐渐形成的，在不同阶段采用相应的措施，选种过程通常经过四个阶段。

1. 断奶阶段选择

在仔猪断奶时进行第一次选择（初选），选择标准：仔猪必须来自大窝中（母猪产仔数多），符合本品种（品系）猪的外形标准，生长发育好，体型较大，毛色纯正，背部宽长，四肢结实，有效乳头6对以上，没有遗传缺陷，没有瞎奶头，公猪睾丸良好。

2. 测定结束阶段选择

性能测定结束通常是在6月龄，个体的主要性状基本表现出来，这是主选阶段，是选种的关键时期。凡体质衰弱、肢蹄和体型有明显损征、有内翻乳头、公猪睾丸发育不好、母猪外阴部小、同窝中出现遗传缺陷者，要进行淘汰。其余供选个体按确定的性状构成的综合选择指数进行选留和淘汰。严格按指数值进行个体选择，还要参考同胞的成绩。选留数量比最终留种数量多20%左右。

3. 母猪繁殖配种和繁殖阶段选择

这一阶段主要依据个体本身的繁殖性能进行选择。有以下情况的母猪要淘汰：7月龄无发情征兆者，在一个发情期连续配种三次未受胎者，断奶后2～3个月无发情征兆者，母性太差者，一窝产仔数过少者。

4. 终选阶段

当母猪有第二胎繁殖记录时可做出最终选择。选择的主要依据是种猪的繁殖性能，可依据本身、同胞和祖先的综合信息判断是否留种。此时已有后裔生长和胴体性能的成绩，亦可对公猪的种用遗传性能做出评估。

（二）种猪选择标准

1. 种公猪的选择

（1）外形鉴定　外貌和毛色符合本品种（或品系）的要求。要求头和颈轻细，占全身的比例小，胸宽深，背宽平或稍弓，体躯要长，腹部平直，后腿和臀部肌肉发达，四肢粗壮，体质强健。

（2）繁殖机能　生殖器官发育正常，有缺陷的要淘汰；性欲良好，配种能力强，精液品质优良。

（3）生长发育和胴体　要求生长快、单位增重耗料少、背膘要薄。瘦肉型公猪体重在20～90kg阶段，平均日增重要求700g以上，每千克增重耗料在3.0kg以下；体重90kg时测量肩部、胸腰结合和腰荐结合处三点平均膘厚2.0cm以下。亦可将日增重、每千克增重耗料量和膘厚构成选择指数，根据指数高低进行选择。

2. 种母猪的选择

（1）外形鉴定　外貌与毛色符合本品种（或品系）的要求，乳头数要达到规定标准（如7对），乳头排列整齐、分布均匀、有一定间距，外生殖器正常，无瞎、瘪、翻乳头，四肢强健，体躯有一定深度。

（2）繁殖性能　6～8月龄配种，要求发情明显，易受孕，产仔后要选留产仔数高、泌乳力强、母性好、哺育率高的母猪。对发情迟缓、久配不孕或有繁殖障碍、繁殖性能表现不良的母猪要进行淘汰。

（3）生长育肥性能　参照公猪的方法，指标可适当低一些。

六、影响选择效果的因素

通过选择来保持和提高猪的某些优良特性，克服存在的缺点，扩大优秀猪群的数量，对提高养猪生产水平和饲养效益具有重要意义。

（一）选择目标要明确稳定

制定选择方案时，不仅要有总体选育目标，而且要有具体可操作的指标，目标要明确，既要兼顾全面，又要突出重点。慎重考虑选择方案，确定后不宜随意变动。

（二）选择依据的准确性

用什么方法选种，依据哪些性状选种以及所度量数据的可靠性都会影响选种效果。

（三）性状的遗传力与遗传相关

1. 遗传力

任何性状的表型值都是遗传和环境共同作用的结果。数量性状的表型值（用 P 表示），由遗传因素造成的叫遗传值，亦称基因型值（用 G 表示）；由环境原因素造成的叫环境偏差（用 E 表示）。

$$P=G+E$$

遗传值包括三部分，一是基因的加性效应造成的，能为后代所获得，并能保持，又称为育种值（用 A 表示）；其余两部分是显性（用 I 表示）和上位偏差（用 D 表示），在后代中不能保持，常与环境偏差归于一类，称为剩余值（用 R 表示）。

$$P=A+R$$

虽然育种值是表型值能在后代中实际得到的部分，人们只能通过表型值来选择育种值，所以育种值变量（V_A）在表型值（V_P）中所占比率愈大愈好，这个比率就是这一性状的遗传力（h^2）。

$$h^2 = \frac{V_A}{V_P}$$

遗传力是估计育种值的一种遗传参数，遗传力大于 0.5 的为高遗传力性状，低于 0.2 的为低遗传力性状，其间为中遗传力性状（表 1-3）。

表 1-3　主要性状的估计遗传力

性状	遗传力（h^2）	性状	遗传力（h^2）
繁殖性状		瘦肉率	0.50
产仔数	0.15	脂肪率	0.50
仔猪初生重	0.05～0.15	肉的品质	
泌乳力	0.06	肉色	0.30
断奶仔猪数	0.12	肌肉 pH	0.25～0.30
断奶个体重	0.25	肌肉嫩变	0.30～0.40
断奶窝重	0.17	肌肉脂肪含量	0.40
生长育肥性状		肌肉大理石纹	0.30
断奶后日增重	0.29	体型性状	
饲料利用率	0.31	体长	0.59
6 月龄体重	0.26	椎骨数	0.74
胴体品质		腿长	0.65
屠宰率	0.31	胸宽	0.47
背膘厚	0.49	胸深	0.20
眼面面积	0.48	体型	0.38
胴体长	0.59	外貌评分	0.29
后腿比例	0.58	乳头数	0.35

资料来源于《家畜遗传繁育学》

2. 遗传相关

一个性状和另一个性状之间，两性状用度量值经计算得到的相关系数为表型相关。育种值的相关称为遗传相关（表 1-4）。

表 1-4　猪主要性状的相关系数

相关性状	表型相关	遗传相关
窝产仔数与仔猪初生重	－0.26	
与仔猪初生窝重	0.80	
与初生仔猪存活率	－0.10	
与断奶仔猪数	0.73	
与断奶个体重	－0.14	
初生窝重与 21 日龄窝重	0.59	
与 42 日龄窝重	0.79	
与 56 日龄窝重	0.96	
断奶窝重与产仔数	0.58	
与产活仔数	0.64	
与仔猪初生重	0.22	
与仔猪哺育率	0.52	
与断奶仔猪数	0.88	
泌乳力与断奶窝重	0.76	
育肥期日增重与饲料利用率	－0.66	－0.69
体重 30～50kg 与 30～100kg 所需天数	0.54	
断奶体重与 6 月龄体重	0.82～0.92	
胴体长与胴体宽	－0.24	－0.27
与背膘厚	－0.19	－0.22
与脂肪率	－0.06	－0.36
与育肥期日增重	0.07	－0.14
与育肥期饲料利用率	－0.04	0.08
背膘厚与体脂肪量	0.78	
与胴体瘦肉率	－0.70	－0.50
与屠宰率	0.25	－0.20
与育肥期日增重	－0.07	－0.15
与育肥期饲料利用率	0.19	0.21
眼肌面积与背膘厚	－0.25	－0.36
与育肥期日增重	－0.04	－0.14
与育肥期饲料利用率	－0.16	－0.34

（续）

相关性状	表型相关	遗传相关
与屠宰率	0.25	0.57
与瘦肉率	0.67	
腿臀重与胴体肉量	0.59	
腿臀肉量与胴体肉量	0.73	
皮色与眼肌面积	−0.18	−0.45
胴体宽与育肥期日增重	−0.20	−0.39
与育肥期饲料利用率	0.29	0.61

资料来源于《规模化养猪技术》

3. 选择差与选择强度

选择就是从猪群中选出优秀个体作为种用，从而提高后代的生产水平，选择的真正效果反映在下一代身上，使下一代性状的均数有所提高。选择的当代效果，即选留群某性状的均数与原群该性状的均数之差，称为选择差（用 S 表示），选择的遗传效果，即选留群子代的性状平均数与原群该性状的平均数之差，就是选择在下一代身上的反映，称为选择反应（用 R 表示）。只要知道选择差和遗传力，就可以预测选择反应。

$$R = Sh^2$$

例如：一猪群 180 日龄平均体重为 80kg，该性状的遗传力为 0.26，选留群的猪 180 日龄平均体重为 90kg，下一代该性状可望提高多少？

$$S = 90 - 80 = 10 \quad R = 0.26 \times 10 = 2.6$$

说明下一代这个猪群 180 日龄体重可达到 82.6kg（80+2.6）。

为消除单位，便于对比分析，将猪的选择差标准化，把标准化的选择差称为选择强度（用 i 表示）。在一定遗传力的情况下，选择差愈大，选择的反应也愈大。

$$i = \frac{S}{б} \quad i \text{ 是以 } б \text{ 为单位的 } S \quad S = iб$$

$$R = sh^2 \quad R = h^2 \cdot i\sigma$$

可根据正态分布的原理，找到选择强度与留种比率（P）的关系（图1-1）。留种比例是指留种数量与全群总数之比。留种比率（P）与选择强度（i）的关系见表1-5。确定了留种比率，就能从表上查出选择强度。

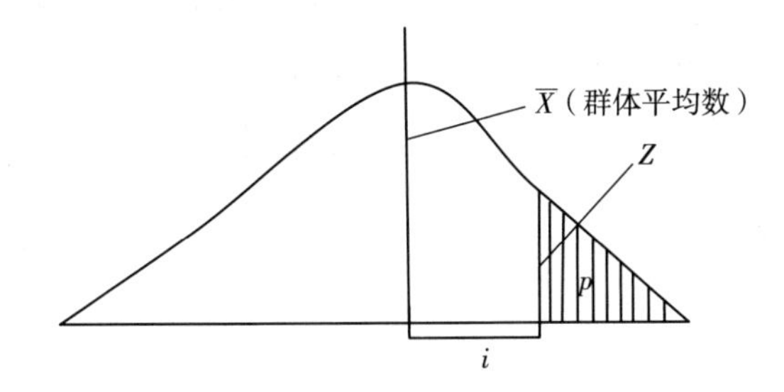

图1-1　选择强度和留种比率的关系

i. 选择强度　Z. 截点处纵高　P. 留种比率（截点右下面积）

$$I = \frac{Z}{P}$$

表1-5　不同留种比率（P）的选择强度（i）

留种比率（%）	选择强度（i）	留种比率（%）	选择强度（i）	留种比率（%）	选择强度（i）	留种比率（%）	选择强度（i）
0.1	3.400	1	2.660	10	1.755	55	0.720
0.2	3.200	2	2.420	15	1.554	60	0.644
0.3	3.033	3	2.270	20	1.400	65	0.570
0.4	2.975	4	2.153	25	1.271	70	0.497
0.5	2.900	5	2.064	30	1.159	75	0.424
0.6	2.850	6	1.985	35	1.058	80	0.350
0.7	2.800	7	1.919	40	0.966	85	0.274
0.8	2.738	8	1.858	45	0.880	90	0.195
0.9	2.706	9	1.806	50	0.798	95	0.109

从小样本选种时，选择强度见表1-6。

表 1-6　从小样本选种时的选择强度

供选数	9	8	7	6	5	4	3
1	1.49	1.42	1.35	1.27	1.16	1.03	0.85
2	1.21	1.14	1.06	0.96	0.83	0.67	0.42
3	1.00	0.91	0.82	0.70	0.55	0.34	
4	0.82	0.72	0.62	0.48	0.29		
5	0.66	0.55	0.42	0.25			
6	0.50	0.38	0.23				
7	0.35	0.20					
8	0.19						

例如：猪群 180 日龄体重的标准差是 11.5kg，遗传力是 0.26，决定留种 30%，下一代在此性状上可望提高多少？

当 $P=30\%$　$I=1.162$

代入公式：$R=h^2 \cdot i\sigma=0.26\times1.162\times11.5=3.474$

4. 世代间隔与年改进量

世代间隔就是从这一代到下一代所需的平均年数，也就是被选个体出生时父、母的平均年龄。世代间隔对猪来说最短为一年，即 8 月龄配种，12 月龄产仔，头胎留种。

$$年改进量 = \frac{每代改进量(选择反应)}{世代间隔}$$

可见，年改进量与选择反应成正比，与世代间隔成反比。要加大年改进量，一是加大选择反应，二是缩短世代间隔。因此，适当提早配种，头胎留种，减少猪群中老龄猪的比例，均能有效缩短世代间隔。

例如：为提高猪的日增重，从 5 窝中选留 11 头作为种猪，其初生时双亲平均年龄（即平均世代间隔）为 1.48（表 1-7），假设日增重一个世代的遗传改进量平均为 50g，日增重年改进量为 33.78g（50÷1.48）。

表 1-7　猪群平均世代间隔

窝别	父亲月龄	母亲月龄	种猪仔猪数
1	12	24	3
2	12	19	2
3	12	21	3
4	12	13	1
5	12	36	2
平均世代间隔	$\dfrac{\sum \dfrac{(\text{各窝父月龄}+\text{母月龄})}{2}\times \text{种用的猪数}}{\text{种用的猪总数}} = 19.7\ \text{个月} = 1.48\ \text{年}$		

5. 减少基因型与环境的互作效应

猪的性能表现是基因与环境共同作用的结果，基因型与环境之间存在一定的相互作用。一种环境下表现好的猪到另一种环境条件下不一定表现好。因此，种猪在测定时所处的环境条件应尽可能接近商品猪生产场的条件，以减少环境差异，这样才能选育出适合未来生产条件的种猪。还要明确基因型与环境互作的性质，为不同商品生产环境所需要的理想基因型设计优良的育种方案，选育出具有特色的系群，使基因资源多样化，以适应多变的生产条件和市场需要。

七、种猪的测定与测定制度

有效提高猪群品质的选择，是根据猪的育种值进行选择，依据测定记录估计育种值的方法有个体性能测定、系谱测定、同胞测定和后裔测定。可根据任何一种资料估计育种值，也可以根据几种资料合并进行估计。

（一）个体性能测定

又称个体选择或表型选择，根据个体本身的成绩估计育种值进行选择。这种方法遗传力较高（$h^2 \geqslant 0.3$）时准确度高，而且最直接，是猪育种中运用较多的方法。

（二）系谱测定

又称系谱选择，是根据祖先表型值的高低来判断种猪的优劣。一般用于个体本身性状尚未表现出来时，作为选择参考，多用于中等或低遗传力的性状选择。只考虑两代（父母、祖父母）就够了。这一方法准确度不高，一般用于猪断奶时选择的参考。

（三）后裔测定

根据被选个体的后代平均表型值高低进行选择，这一方法对低或中等遗传力性状的选择准确度高，公猪比母猪的准确度要高，因为公猪有更多的后代用于测定。

后裔测定的方法：被测公猪与配 3～5 头母猪，从其所生后代每窝选出 4 头作为一个测定组，体重要求接近窝平均值，公、母各半，公猪去势，进行育肥测定和屠宰测定，以平均成绩作为选择公猪的依据。每窝 4 头仔猪的平均成绩，可作为与配母猪的测定成绩。

后裔测定的要求：测定中所有与配母猪必须随机抽样；配种期力求接近；各测定组饲养水平和日粮、环境条件等应相对一致。后裔测定的主要缺点是延长了世代间隔。

（四）同胞测定

是根据全同胞或半同胞的平均表型值（不包括个体本身）进行选择。这一方法的优点是同胞在数量上超过系谱测定，可以在没有后裔出现的情况下较早地估计育种值。同时，有些性状公猪本身没有表型值（如胴体品质与肉质），根据祖先进行估计又不准确，当遗传力达到 0.3 时，5 个半同胞或 4 个全同胞可以相当于根据本身表型值估计的准确程度。

（五）测定准确性的比较

当性状的遗传力 $h^2=0.1$ 时，根据 5 头全同胞或 25 头半同胞，或 5 头后裔测定的准确性，相当于根据个体本身性能测定的准确性；

当遗传力 h^2＝0.3 时，根据 8 头全同胞或多个半同胞或 5 头后裔测定来选择的准确性，相当于根据本身性能测定的准确性；当遗传力 h^2＝0.5 时，则 100 头全同胞测定或更多半同胞测定或 7 头后裔测定的准确性，才能达到根据本身性能测定选择的准确性。

据此可以作出评价：个体性能测定，主选遗传力高的性状时准确性高，直接又简便。后裔测定准确性高，但世代间隔长，最好用于公猪无法度量的性状或限性性状。同胞测定适用于个体本身无法度量而遗传力中等或较低的性状，高遗传力性状 h^2＞0.5 时，要达到一定准确性所需同胞数太多，没有实际意义。

（六）我国种猪的测定制度

为了有目的、有计划、有步骤地开展种猪测定工作，规范整个测定过程，须制定相应的测定技术规程，以达到预期的测定效果。

1985 年我国建立了第一个种猪测定站，即中国武汉种猪测定中心，后相继在浙江、北京等地建立了测定站。

世界猪育种和生产发达的国家，都设立了测定站，以充分发挥技术优势，使育种和测定计划、测定程序和测定条件得以统一，保证测定和选择的准确性。把猪场分为核心群、预备核心群和繁殖群，根据测定结果，严格审批、有升有降、有奖有罚，有利于提高办好种猪场的积极性。对各种猪场的种猪测定结果进行定期公布，开展良种登记，合格种猪的后代方可作种猪出售，优质优价。这样，既有利于保证出场种猪的质量，也便于掌握各品种品质变化信息，及时提出改进措施。测定站不仅是一个实际测定机构，也是一个专门组织、指导种猪测定、选育提高、科学饲养的服务机构，有利于系统积累经验，促进种猪品质的提高。

根据我国的实际情况，测定站本身的容量有限，考虑到环境与基因型的互作、运输防疫等问题，一个测定站只适宜于测定相近地区的种猪。先按大区设定国家级中心测定站，根据条件设立地方性测定站。测定站的测定制度、程序、技术规程、育种记录、仪器设备、猪舍结构与设施、饲养水平和日粮类型、饲养方式、管理技术以及疾病控制措施等，都有统一规定，做到规范化、标准化。

在中心测定站的组织和指导下，广泛开展猪场测定（即现场测量）。测定站测定应以测定公猪为主，以便于场间比较。而一般猪场测定主要是以母猪性能测定和繁殖性能记录为主。为便于选种和减少防疫上的麻烦，也可在测定站测定的同时，在一般猪场开展公猪性能测定，必须按测定站制定的统一方案进行，测定结果应交测定站审查、核实、批准，并由测定站统一公布。

测定站首先应着眼于公猪的测定，特别是用作父本品种的公猪。根据当前生产和市场的需要，育种目标主要是改良育肥和胴体性状，这些性状的遗传力在0.3～0.6，个体表型选择效果较好，其他测定可作为性能测定的补充。我国测定站测定制度，多以性能测定为主，结合同胞测定。若有先进的仪器，能达到相当准确的活体估测瘦肉率或能活体取样测定肉质时，仅用公猪性能测定就可以了。种猪场应在现场测定的基础上，把猪送到测定站测定。测定猪的构成，以一头公猪随机交配3～5头母猪，每一测定组来自同一父母窝中，达到窝平均的3头仔猪，即1头公猪单栏饲养，1头去势公猪和1头母猪合栏饲养。国外测定站只完成生长育肥测定，屠宰测定、胴体与肉质测定则送到专门的屠宰场或肉类研究中心进行。

八、猪的杂交利用

猪的纯种繁育和杂交是基本的繁育方法，纯种繁育是为了得到纯种，并为开展杂交利用提供优良的亲本；杂交可获得杂交效应，并可育成新品种（或品系）。养猪生产广泛应用杂交作为提高产量的手段，是发展现代养猪商品生产和提高效益的重要途径。通常将品种间杂交所生后代称为杂种猪，将品系间杂交所生后代称为杂优猪。

（一）获得杂种优势的一般规律

由于猪的经济性状是由很多对不同遗传类型的基因决定的，因此，杂种猪的某些经济性状不表现杂种优势，也不可能表现同样的杂种优势。

（1）不同的经济性状，杂种优势表现不同　遗传力低的性状（繁殖性状）容易获得杂种优势（杂种优势率为20%～40%）；遗传力中等的性状（生长和育肥性状）杂种优势率为15%～25%；遗传力高的性状（胴体和肉质性状）杂种优势率低（杂种优势率0%～15%）。

（2）生命早期表现的性状，容易显现杂种优势　如产仔数、仔猪初生重和断奶重等繁殖性状，杂种优势率高。

（3）亲本间差异程度愈大，杂种优势率愈高　因此，应选择在遗传、来源、亲缘关系等方面差异大的品种或品系进行杂交，可取得良好的杂交效果。

（4）亲本越纯遗传稳定性越好，杂种优势率越高　亲本纯度高，才能使两基因频率之差加大，配合力测定的误差减低，可得到更好的杂种优势效益。

（5）亲本品质越好，杂交效果越明显　重视杂交亲本的选育，通过选择尽量提高性状表现水平，进行杂交才能获得更加理想的效果。

（二）杂种优势利用的主要环节

养猪生产中广泛利用杂交作为提高产量的手段，是发展现代养猪商品生产的重要途径。杂种优势利用必须采取综合配套措施，忽视任何环节都不会达到满意的效果，应重视以下主要环节。

1. 杂交亲本群的提纯选优

提纯就是通过选择和近交，使亲本群在主要性状上纯合子的基因频率尽可能增加，个体间的差异尽可能减小。亲本群愈纯，杂交双方基因频率之差才能愈大，配合力测定的误差才能愈小，杂种群体才能整齐。选优就是通过选择，使亲本群原有的优良、高产基因的频率尽可能增加。提纯和选优是杂种优势利用效果好坏的关键环节，不以纯繁为基础，单纯杂交的做法是错误的。

2. 杂交亲本的选择

杂交亲本应按照父本和母本分别选择，两者的选择要求和标准不同（详见杂交试验部分）。

3. 杂交效果预估和依据

不同品种（系）间进行不同方式的杂交，其结果必须通过配合力测定才能确定。但在进行配合力测定以前，应对杂交效果有个大致的估计，把希望较大的组合列入其中。

种群间差别大的，杂种优势也往往较大；种群间没有血缘关系、遗传差距较大的，杂种优势也大；遗传力较低，近交时易衰退的性状，杂种优势较大；主要经济性状变异系数小的种群，杂交效果较好。

4. 配合力测定和杂交方式

配合力分为一般配合力和特殊配合力。杂交方式包括两品种杂交（二元杂交）、两品种轮回杂交、三品种杂交（三元杂交）、三品种轮回杂交、四品种杂交（四元杂交）、四品种双杂交等（详见杂交试验部分）。

5. 杂种猪的培育

杂种优势的显现受遗传与环境的制约，与杂种猪所处条件有着密切的关系，应给予杂种猪相应的饲养管理条件，使其杂种优势能充分表现。

6. 推广猪的人工授精

公猪在猪群增殖中起着重要作用，是杂种优势利用的重要环节，应重视公猪的选留、培育和利用。人工授精是解决优良种公猪不足，充分发挥优良种猪的作用，促进杂种优势利用的开展，扩大杂种猪在商品猪中所占比例，降低成本和增加经济效益的重要措施。

7. 建立猪的杂交繁育体系见本书第一部分（五）。

（三）杂交方式

生产性杂交根据亲本品种的多少和利用方法的不同，杂交方式亦不同。

1. 两品种杂交（或二元杂交）

是利用两个品种（或品系）的公、母猪进行杂交，利用杂种一代的杂种优势生产商品猪。一般是以地方品种或当地培育的品种（或品系）为母本，以引入的外来品种猪为父本，将一代杂种猪全部用于育肥。该方式的优点是方法简单，杂种优势率高，具有杂种优势的后代比例高，且可利用遗传互补效应。

2. 两品种轮回杂交

选择两品种杂交所得到的杂种一代母猪，逐代分别与两个亲本品种的公猪杂交。该方式的优点是方法简单，可以同时利用杂种母猪的杂种优势；缺点是当轮回到一定程度，有杂种优势后代的比例将停留在一定水平上。

3. 三品种杂交

从两品种杂交所得到的杂种一代母猪中，选留优良的个体，再与另一品种的公猪（第二父本）进行杂交。该方式的优点是可利用杂种一代母猪的杂种优势，提高繁殖性能；三品种参与杂交，具有更丰富的遗传基础；可利用遗传互补效应。缺点是要保持三个亲本品种，还要保留杂种一代母猪，繁育体系较为复杂。

4. 三品种轮回杂交

从三品种杂交所得到的杂种母猪中选留优良个体、逐代分别与其亲本品种的公猪杂交。该方式的优点是可利用杂种母猪的杂种优势，提高繁殖性能；缺点是当轮回到一定程度，有杂种优势后代的比例将停留在一定水平。轮回杂交有优势后代的比例见表1-8。

表1-8　轮回杂交有优势后代的百分比

方式	类别	一轮	二轮	三轮	∞
两品种	有杂种优势后代	100	50	75	67
	母系杂种优势	0	100	50	67
三品种	有杂种优势后代	100	100	75	86
	母系杂种优势	0	100	100	86

5. 四品种杂交

在三品种杂交的基础上，选留优良的杂种母猪，再用另一品种的公猪（即第三父本）杂交。该方式的优点是杂种母猪的杂种优势能得到利用，可在后代中获得较大的杂种优势；缺点是涉及四个品种，繁育体系更为复杂。

6. 双杂交

双杂交属于四品种杂交的特殊形式，四个品种首先进行“两两杂交”，然后利用杂种一代公、母猪进行杂交。该方式的优点是可以利用杂种母猪和杂种公猪的杂种优势，还能利用遗传互补效应。

7. 杂交方式的比较

杂交是提高商品猪生产效益的重要途径，不同的杂交方式其杂交效应不同，三元杂交优于二元杂交，双杂交优于三元杂交，在商品猪生产中可选用适宜的杂交方式提高饲养效益。

8. 专门化品系杂交

通过培育各具特点的专门化品系（父系和母系），通过配合力测定，选择优良的杂交组合和杂交方式，生产高效优质的商品猪。配套系杂交是由若干个专门化品系组成，在配合力测定的基础上形成配套系，既包括纯系选育，又包括杂交制种和杂优商品猪生产；在遗传改良上的特点是既利用加性基因效应，又利用非加性基因效应，在商品猪生产中可取得更好效果。

近年来，随着养猪生产的发展，在普遍应用品种间杂交的基础上转向专门化品系间杂交，因为这种杂交能获得高而稳定的杂交效应。专门化品系一般分为父系和母系，父系主要选择生长速度、饲料利用率、产肉力和胴体品质等性状，母系主要选择产仔数、泌乳力、生活力和母性等性状。无论是父系或母系均突出1～2个重要经济性状的选择，其他性状保持中等水平。通过多个专门化品系间的配合力测定，筛选出最优的杂交组合，有效地开展专门化品系间杂交。

（四）对比试验与杂种优势的度量

1. 杂交对比试验

杂种优势的显现受多种因素的制约，不同的杂交组合所得的效益不同。开展猪的杂交利用，要筛选最好的杂交组合，就必须做好杂交对比试验。

（1）亲本选择　开展猪的杂交利用是一项复杂细致的工作，首先要从亲本的提纯选优入手，亲本的纯度越高，杂种优势就会越好。

①母本品种的选择。选择在当地分布广、适应性强的本地猪品种、培育猪品种或现有的杂种猪作母本，母本需要的头数多，易在本

地推广；选择繁殖力高、母性好、泌乳力强的猪作母本；选择体型适中的猪作母本，因为体型过大，维持需要消耗的饲料多。

②父本品种的选择。选择生长速度快、饲料利用率高、胴体品质好的品种作父本。如要求杂种商品猪的胴体瘦肉率高一些，就应该选择肉用型品种（如大白猪、长白猪、杜洛克猪、汉普夏猪）作父本。

（2）杂交方式的选择　杂交方式很多，应根据实际情况选择一定的杂交方式，进行杂交组合对比试验。最简单的方式就是二元杂交，条件允许的情况下进行三元杂交或双杂交，能使杂种母猪的杂种优势得到利用。

（3）杂交试验场所的选择　环境不同杂交效果也不一样。杂交试验一定要紧密结合当地的饲养管理条件，选择有代表性的猪场进行对比试验，为以后的推广打好基础。

（4）试验猪的选择

①繁殖效果对比试验猪的选择。供试猪应具有该品种代表性的特征，年龄、胎次、体况和繁殖力等应大致相近，同一品种要有两头公猪，每头公猪应同时和同品种母猪交配（对照组），还要和母本品种3～5头母猪交配（试验组），以消除因公猪个体不同而影响试验结果。

②育肥效果对比试验猪的选择。每一组合至少选留两窝仔猪进行育肥，采用全窝肥育（即一头母猪所生的后代全用于育肥），或从每一组合中选择10～20头断奶仔猪进行育肥测定。供试猪的个体重应近似，不能有意识地选最好的或选最差的。供试猪（公、母）均应去势，体重达90～100kg时饲养对比试验结束。每个组合选择6～10头（性别各半）进行屠宰测定和肉质分析。

（5）试验起止时间　繁殖效果和育肥效果的对比试验，尽可能做到同期对比，以减少环境因素的影响。常用的方法有：同日龄开始，同日龄结束；同体重开始，同体重结束；同日龄开始，同体重结束；同体重开始，同日龄结束。

（6）试验猪群的饲养管理　试验组和对照组的试验猪，应处于相同的饲养水平和日粮结构条件下。繁殖效果对比的试验猪，也应在相同的饲养水平下进行。

供试猪在断奶前进行去势和预防注射，于相同日龄断奶进入预试期。此期进行驱虫。根据增重情况调整供试猪，进行采食、健康状况观察，逐步饲喂试验期饲料，经15天预试后进入对比试验。各组合试验猪的圈舍要近似，同组合同圈饲养。各圈头数应相同，固定专人饲养。总之，各组合试验猪以处于相同的饲养管理条件为原则。

试验开始与结束，均应在早饲前连续称重3天，以平均体重作为试验开始体重和结束体重，以称重的第二天作为开始和结束日期。试验期间每15天于早饲前称重一次，亦可根据供试猪的体重阶段（即开始至40kg，41～65kg，66～90kg（或100kg）进行称重。每次称重均应在早饲前准确称取。供试猪的饲料消耗要准确记录。试验期间发现病猪应立即治疗，如需隔离，应将猪称重，耗料单独记录。病愈后能否归组视情况而定。发生死猪，应将该组的猪只逐一称重，结算增重和饲料消耗。如将病猪剔除和发生死猪，致使各组合头数不同，为使各组合猪只头数保持相同，最好各组合同时饲养几头替补猪；若没有替补猪，最好将其他组合的猪也剔除相应的头数。测定繁殖性能、育肥性能、屠宰和胴体品质的具体项目，可根据实际情况而定。

（7）试验结果的处理　不可任意挑选和取舍数据，计算出主要性状的杂种优势和进行统计处理。

2. 配合力测定

配合力就是通过杂交所获得的杂种优势程度，即通常所说的杂交效果。配合力测定就是进行杂交对比试验。配合力分为一般配合力与特殊配合力。

一般配合力的基础是基因的加性效应。一般配合力是指一个品种（或品系）与其他品种（或品系）杂交，其杂种在某一性状的平均效果。特殊配合力是指两个特定品种（或品系）杂交，所获得并超过一般配合力的杂种优势，它的基础是基因的非加性效应（图1-2）。

F_1（A）即A品种与C、D、E……B品种杂交，所生杂种一代某性状的平均值，F_1（A）即A品种的一般配合力；F_1（B）即B品种与E、D、C……A品种杂交，所生杂种一代某性状的平均值，F_1

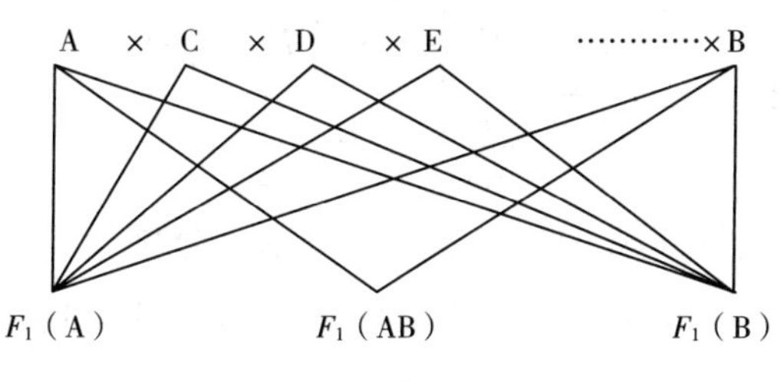

图 1-2　配合力示意图

(B) 即 B 品种的一般配合力；F_1(AB)$-1/2[F_1$(A)$+F_1$(B)$]$即 A、B 两品种的特殊配合力。

一般配合力是杂交亲本间群体平均值的高低，遗传力高的性状一般配合力都高，遗传力低的性状一般配合力不容易提高；特殊配合力是杂种群体平均基因型值与亲本平均育种值之差，遗传力高的性状各组合的特殊配合力不会有太大的差异，遗传力低的性状特殊配合力则差异较大。

3. 杂种优势的度量

通过杂交试验进行配合力测定，主要是测定特殊配合力，一般用均值差和均值比对杂种优势进行度量。

均值差法即杂种优势表现为杂种某性状平均值超过双亲平均值的部分。即杂种优势＝杂种一代某性状平均值－双亲该性状的平均值。

特殊配合力一般用杂种优势量表示。如 A 品种（系）与 B 品种（系）杂交，杂种一代 AB 用 F_1 表示，F_1 的杂种优势量（用 H 表示）为：

$$H=\bar{F}_1-(\bar{A}+\bar{B})\quad \bar{F}_1=(\bar{A}+\bar{B})+H$$

即 F_1 平均性能＝双亲均值＋杂种优势量

为便于各性状间进行比较，杂种优势常用相对值即杂种优势率（$H\%$）来表示。

$$H(\%)=\times 100\%=\frac{\overline{F_1}-\dfrac{1}{2Y\bar{A}+\bar{B}Y}}{\dfrac{1}{2Y\bar{A}+\bar{B}Y}}\times 100\%$$

如进行三元杂交，即

$$H(\%)=\frac{\overline{F}_T-Y\frac{1}{4}\overline{A}+\frac{1}{4}\overline{B}+\frac{1}{2\overline{C}}Y}{\frac{1}{4\overline{A}}+\frac{1}{4}\overline{B}+\frac{1}{2\overline{C}}}\times 100\%$$

华中农业大学以湖北白猪Ⅳ系为母本，分别用杜洛克猪、汉普夏猪和丹麦长白猪作父本，开展杂交组合试验，计算其育肥期日增重性状的杂种优势率（表1-9）。

表1-9　不同组合日增重的杂种优势率（g）

杂交组合	杂种均值（$\overline{F}_1$）	杂交父本（$\overline{P}_s$）	杂交母本（$\overline{P}_o$）	亲本均值（$\overline{P}$）	杂种优势率（$H\%$）
杜洛克猪×湖北白猪Ⅳ	85	698	606	652	20.4
汉普夏猪×湖北白猪Ⅳ	61	626	606	616	23.5
长白猪×湖北白猪Ⅳ	635	605	606	606	4.95

（五）建立健全猪的杂交繁育体系

在深入进行配合力测定和组合对比试验的基础上，筛选出适应当地生产条件又符合市场需要的杂交模式和杂交组合，就必须建立一整套合理的组织机构。猪的杂交繁育体系是以生产商品猪为目的的优化育种和生产体系。根据不同市场的需要，制定一个统一的育种和生产计划，采用适宜的品种（系），优选出特定的杂交模式，并据此建设相应的育种猪场、纯种繁殖场和商品生产场，通过特定的繁殖方案，将这些不同层次、性质、任务和规模的专业场，构成一个宝塔式育种结构，使亲本核心群的优良基因频率不断扩增，并把获得的遗传进展迅速传递到商品猪群，充分利用杂种优势和性状的互补效应。

1. 繁育体系的结构

其结构如图1-3所示。

（1）育种猪场　担负杂交所用亲本品种（系）选种提高任务的纯种猪场，欧美国家称核心群，一些育种公司建立了专门化品系配套的杂交繁育体系，称为曾祖代群，它在宝塔式繁育体系中处于顶端地位，在整个猪群的遗传改良中起核心和主导作用。它拥有育种计划确

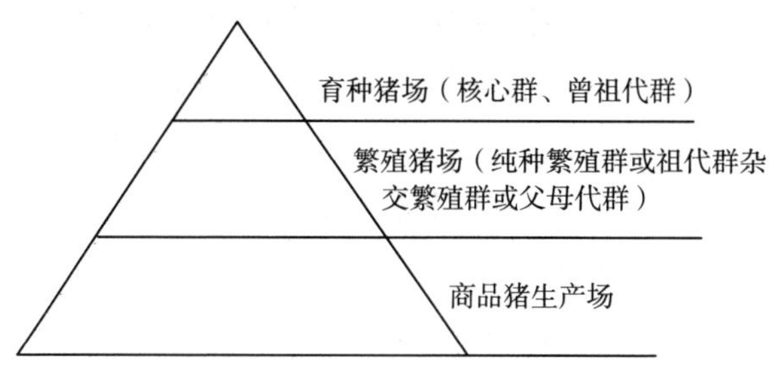

图1-3　猪的杂交繁育体系

定的品种（系）丰富的遗传材料和基因资源，主要从事亲本品种（系）的选纯、提高，同时还根据市场需要，制订计划选育新的纯系。它的任务除保证核心群自身更新换代所需要的优良种猪外，主要向繁殖场提供足够数量的、经过测定选择的优良后备公猪，同时也直接向人工授精站和商品生产场输送优良的公猪，以缩短整个猪群遗传改良的时距。育种场有高质量的纯种猪群，并由专家制定选育计划；拥有先进的测定设施（或与测定站相结合）；有严密的测定制度和规程，进行精细的测定，强度选择以取得尽可能大的遗传进展，保证提供高质量的纯种猪，促进后两个层次猪群性能水平的相应提高。根据市场需要，定期进行配合力测定或杂交试验，以指导整个育种工作。

（2）繁殖猪场　处于繁育体系的中间层次，它的基本任务是把育种场的纯品种（系）优良种猪进一步扩大繁殖，给商品生产场提供纯种幼母猪；或根据育种计划进行品种（系）间杂交生产杂种母猪，以保证商品场母猪更新换代的需要。这种猪场自身不留公、母猪来补充更新猪群，不允许向育种场提供种猪，以使繁育体系中的优良基因自上而下单向流动，保证统一育种计划的实施和各类猪群不断改良提高。这类猪场要求有系谱档案和性能记录，也进行选择，但不要求像育种场那样的严密和高强度选择，也不进行新品种（系）的选育工作。在进行专门化品系配套杂交的育种计划中，此类场猪群为纯种繁殖群，又称祖代群和杂交繁殖群，也称父母代群。

（3）商品猪生产场　处于宝塔式繁育体系的底层，是整个育种计划的基础。它的基本任务是按照育种计划选定的杂交模式，组织生产优质的商品猪上市。这类猪场有较大的生产规模和较多的母猪，它直接影响上市商品猪的数量和质量。其主要工作是淘汰那些健康不佳、肢蹄较差、繁殖和生产性能低和年龄大的母猪，以保证有一个健康高产的母猪群进行生产；同时要不断从核心群引进优良的种公猪或精液，组织生产管理，采用先进的工艺和设备，进行科学饲养，严格控制疾病，及时提供商品猪均衡上市。

2. 繁育体系模式

其模式如图 1－4 所示。

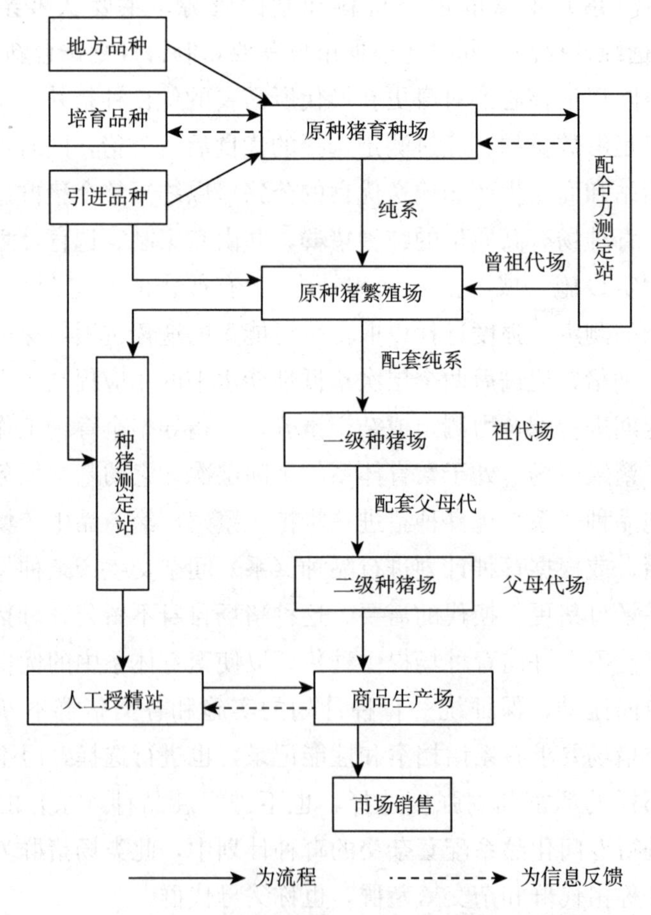

图 1－4　商品瘦肉猪良种繁育体系模式图

资料来源于《养猪大成》

3. 湖北白猪杂交繁育体系

湖北白猪与杜洛克猪公猪配套生产“杜湖”商品瘦肉猪的繁育体系（图1－5），其中包括育种群母猪400头，每年提供优良种猪2 000头，其中300头用于更新猪群，1 700头直接进入商品生产群；纯种繁殖母猪1 000头，年供种5 000头进入商品生产群；商品群母猪2 500头，与杜洛克猪公猪杂交，年产“杜湖”商品瘦肉猪40万头。

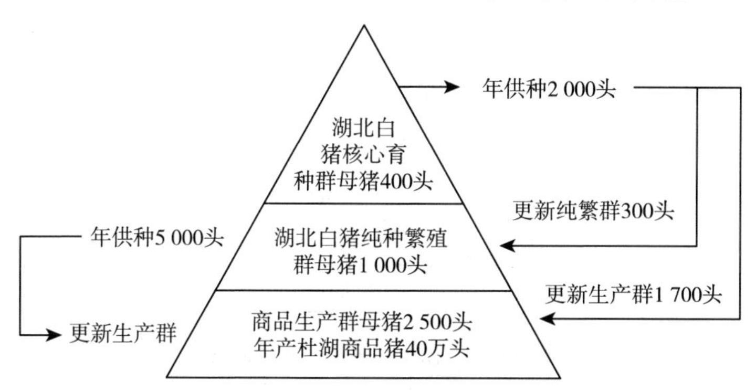

图1－5　湖北白猪繁育体系示意图

资料来源于《养猪大成》。

4. 杂交方式与相应的繁育体系

杂种优势的保持和扩大，与建立的杂交繁育体系有密切的关系。现以所采用的杂交方式与建立的相应杂交繁育体系相结合进行介绍。

（1）通过两品种简单杂交将杂种优势保持和扩大的方案（图1－6）。

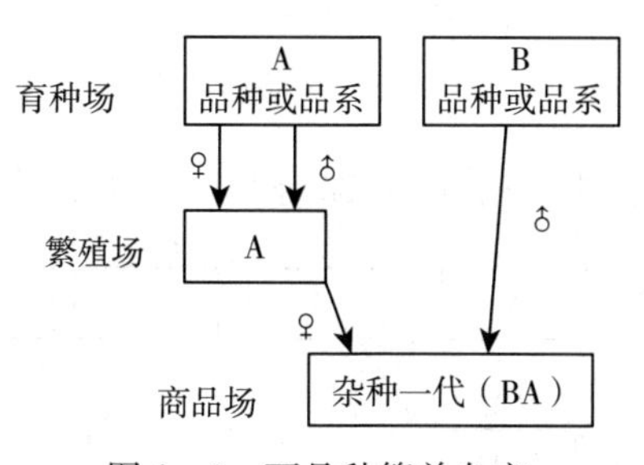

图1－6　两品种简单杂交

（2）通过回交将杂种优势保持和扩大的方案（图1－7）。

（3）通过来自两品种公猪进行回交将杂种优势保持和扩大的方案（图1－8）。

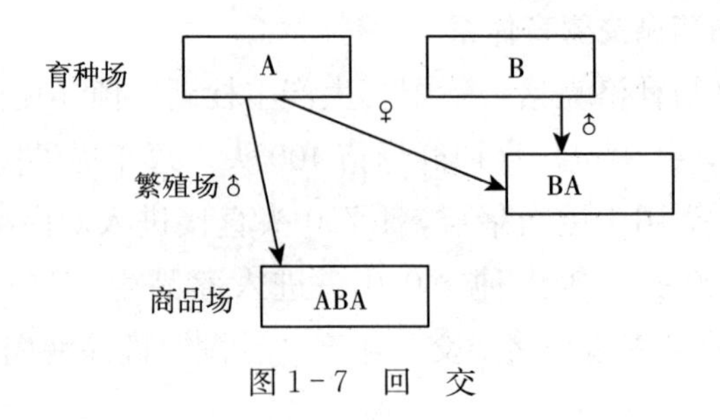

图1-7 回 交

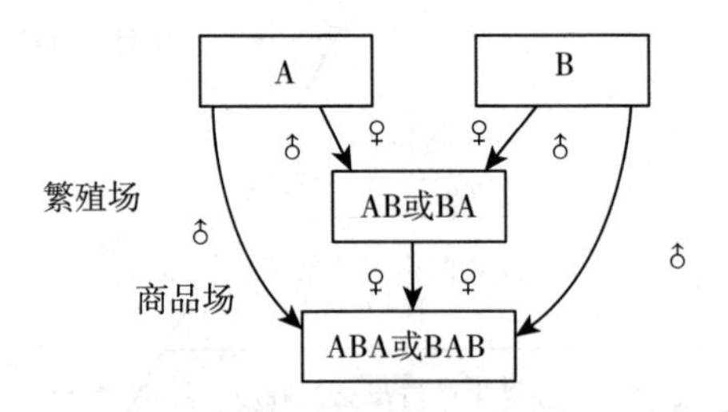

图1-8 用两品种公猪进行回交

(4) 通过三品种杂交将杂种优势保持和扩大的方案（图1-9）。

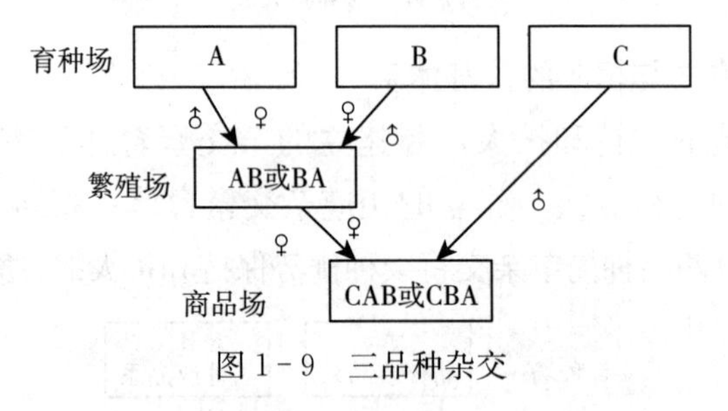

图1-9 三品种杂交

(5) 通过双杂交将杂种优势保持和扩大的方案（图1-10）。

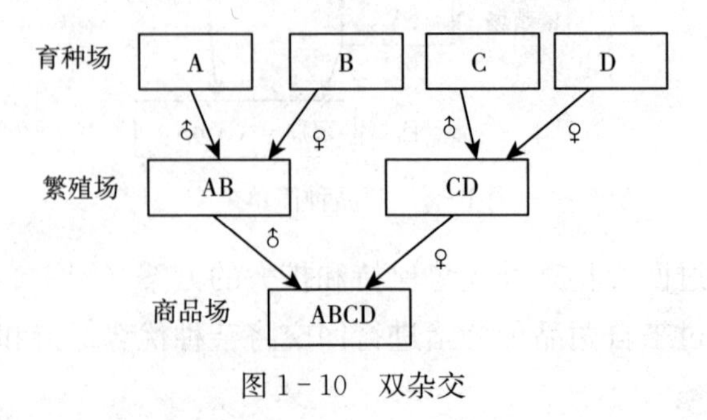

图1-10 双杂交

（六）猪的杂交效应与杂交利用发展

1. 猪的杂交效应

猪的杂交效应即杂种优势效应和遗传互补效应。

（1）杂种优势效应　杂种优势就是不同种群杂交所生的杂种，在生活力、生长势、生产性能等方面往往优于两个亲本群的平均值。杂种优势主要利用非加性基因的效应。当前以配合力作为研究杂种优势的主要方法，配合力分为一般配合力和特殊配合力。

不同的杂交方式、不同的经济性状、亲本的品质和纯度、亲本间的差异程度等都会影响杂种优势的表现，杂种优势也受营养水平、饲养方式、环境等因素的影响。杂种优势对养猪生产的增产潜力不可忽视，但决不能认为凡是杂种都能表现杂种优势。杂种优势的显现受遗传与环境两大因素的制约。猪的繁殖性状遗传力低，杂种优势率高（为20%～40%）；日增重、饲料转化率等性状遗传力中等，杂种优势率较高（为15%～25%）；胴体、肉质等性状遗传力高，杂种优势率低（为0%～15%）。亲本间的差异程度越大、亲本品质越好、亲本越纯，杂种优势率越高。

杂种优势效应分为父本效应、母本效应和个体效应。父本杂种优势取决于公系猪的基因型，杂种公猪作种时所表现出的优势，是比纯种（或纯系）公猪性成熟早、射精量多、精液品质好、受胎率高等；母本杂种优势取决于母系猪的基因型，杂种母猪作种时所表现出的杂种优势，比纯种（或纯系）母猪产仔头数多、性成熟早、泌乳力强、体质强壮等；个体杂种优势即子代直接的杂种优势，取决于商品猪的基因型，杂种仔猪表现出生命力强、成活率高、初生重和断奶重大、增重速度快等。最理想的杂交方式是能同时获取以上三种杂种优势（表1-10）。

（2）遗传互补效应　遗传互补效应即不同种群间的互补性，涉及多个性状的复合，选用具有繁殖性能高的群体为母本、生长育肥性能高的群体为父本，可望利用遗传互补效应，得到高效的商品猪。

杂种优势效应与遗传互补效应的结合，既通过杂种优势利用非加性基因的效应，又通过遗传互补利用加性基因的效应，既提高了繁殖性能，又提高了生长育肥性能和瘦肉率。

表 1-10　猪不同杂交方式的比较

方式	杂种优势			遗传互补
	个体	母本	父本	
纯种繁育	0	0	0	无
二元杂交	1	0	0	有
回交 A（AB）	1/2	1	0	减少
回交（AB）A	1/2	0	1	减少
三元杂交	1	1	0	有
双杂交	1	1	1	有
两品种轮回	2/3	2/3	0	无
三品种轮回	6/7	6/7	0	无

注：引自陈清明、王连纯《现代养猪生产》中国农业大学出版社

从表 1-10 可见，双杂交既可获得杂种优势的三种效应（父本效应、母本效应和个体效应），又能获得遗传互补效应；三元杂交可获得杂种优势的两种效应（母本效应和个体效应），也可获得遗传互补效应；二元杂交仅能获得杂种优势的个体效应和遗传互补效应。

2. 猪杂交利用的发展

（1）品系培育和系间杂交　为了提高养猪的生产效率，适应市场需求的变化，在猪种资源利用途径和措施上发生了很大的变化。国外从 20 世纪 60 年代末，开始由品种选育和品种间杂交转向专门化品系选育和品系杂交。

专门化品系就是选育具有一二个突出的经济性状，其他性状保持一般水平的品系。父本专门化品系主要选择生长速度、饲料利用率和胴体品质等性状，母本专门化品系主要选择产仔数、泌乳力等繁殖性状。

培育专门化父系和母系可提高选择进展，大大缩短育种年限；专门化品系用于杂交体系中可获得互补性，父本和母本分别选择不同性状，通过杂交把各自的优点结合到商品猪上；有利于生长性状和繁殖

性状的协同选择。

各具特点的专门化品系间杂交，筛选的高效杂优猪与品种间杂交的杂种猪相比，增重快、耗料少、肉脂品质好、胴体瘦肉率高，群体的杂种优势高且稳定，增重的一致性好（适合全出全进的工艺要求），产品的一致性好（适合现代加工的要求）。因此，杂优猪配套合成的研究与生产引起了广泛的关注。

配套杂交是一个完整的体系，在培育专门化品系的基础上，通过配合力测定，把专门化品系进行配套，实行配套杂交。可见，配套杂交体系应包括曾祖代、祖代、父母代和商品代在内的优良基因自上而下的传递。配套的基础是猪种资源，配套的前提是专门化品系的培育，配套的手段是配合力测定，配套的目的是生产高性能、高质量、高效益的杂优商品猪。

近年来，国外猪种繁育已进入配套育种的新阶段，配套中的专门化品系可随市场的需求和生产性能进一步提高而不断发生变化。配套系育种的繁育模式见图 1－11。

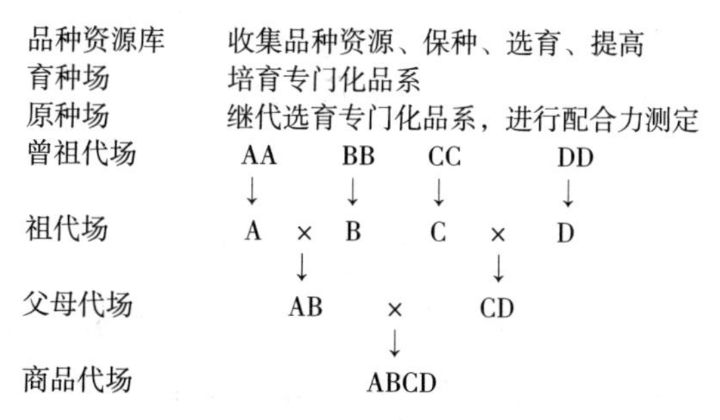

图 1－11　配套系育种的繁育模式

资料来源于《猪的配套系育种与甘肃猪种资源》。

（2）杂交配套系生产杂优猪的模式

①两个纯系配套生产杂优猪。成功模式有英国的埃乃特、迈勒和坎波罗。

②三个纯选系配套生产杂优猪。成功模式有以下几种：英国的阿克瑞德，利用纯选的长白猪公猪与大白猪母猪，或大白猪公猪与长白猪母猪杂交，产生的长×大或大×长杂种母猪再与汉普夏猪公猪杂交

生产杂优猪；英国的UPB股份有限公司所产杂优猪也属于三元配套，与阿克瑞德不同的是终端父本用威尔斯猪公猪杂交；英国农场标志猪仍以长×大或大×长杂种母猪，终端父本用威尔斯猪、汉普复猪或彼琼猪杂交；英国的考茨沃特猪用三个专门化品系，以一个A系生产公猪，B和C系生产母猪，A、B系猪的两个系均为大白型猪，而C系是合成系；日本1981年有一个猪杂交配套系采用了6个猪种的三元配套，其模式为：(A×B) × (C×D) × (E×F) →杂优猪。

③四元配套系杂交生产杂优猪。成功模式有美国农场主杂交猪，以汉普夏猪和杜洛克猪杂交产生父本，用花斑猪和大白猪杂交产生母本，用双杂交模式生产杂优猪；法国优菲克公司以四元双交的方式，由A、B、C、D四个品系先进行双杂交，而后利用杂种公、母猪进行杂交生产杂优猪（图1-12）。

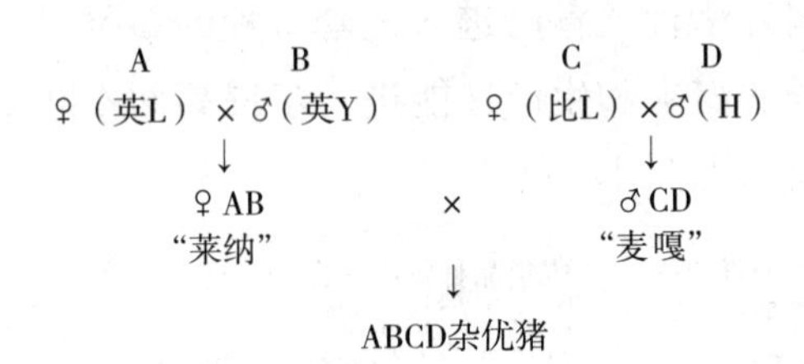

图1-12　优菲克杂优猪的生产模式

加拿大的卡及尔用汉普夏猪和长白猪生产父本猪，用拿戈尔猪公猪和大白猪母猪生产母本猪，F_1代杂种互交生产杂优猪。

美国的百布柯克用长白猪、大白猪、汉普夏猪和杜洛克猪连续杂交生产杂优猪，即L♂×Y♀→F_1♀×H♂→F_2♀×D♂→ LYHD杂优猪。

④多系配套生产杂优猪。必须有固定的繁育体系，建立由曾祖代到商品代的核心群、扩繁群、父母代生产群等几个层次。

美国的迪卡配套系种猪不论冠以何种代号或名称，实质上都离不开世界上优秀的杜洛克猪、汉普夏猪、大约克夏猪、长白猪、皮特兰猪等品种，但所有的配套系绝不是几个品种的随机组合，而是经过系统选育（包括利用别人的选育结果）和测定才形成的（图1-13）。

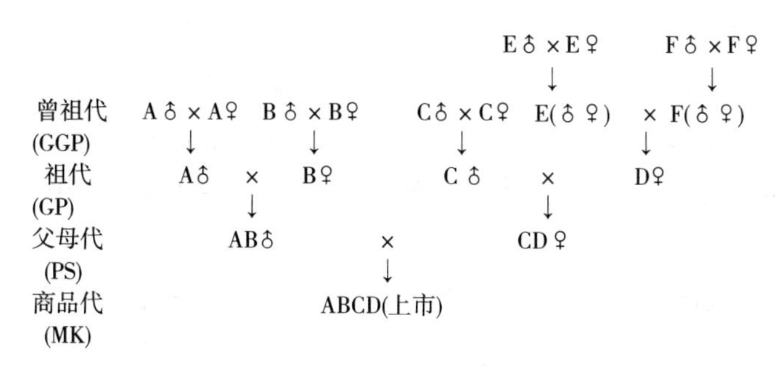

图 1-13　迪卡配套系繁育模式

在配套系猪种中有一个突出特点，即杂种公猪的使用，杂种公猪不仅可以将其生长速度、胴体品质性状遗传给后代，而且其个体有很强的配种能力，可以给养猪生产、尤其是工厂化养猪生产带来很大的方便。除了杜洛克猪、汉普夏猪、皮特兰猪的杂种后代可作配种公猪外，长大、大长也是很好的改良父本。

迪卡猪具有产仔多、生长速度快、饲料转化率高、胴体瘦肉率高（表 1-11），还有体质结实、群体整齐、采食能力强、肉质好、抗应激等优点。

表 1-11　迪卡猪生产性能

项目	生产性能
产活仔头数	初产 11.7 经产 12.5
达 90kg 日龄	<150
饲料效益	2.8∶1
胴体瘦肉率（%）	>60（测定方法按 GB 8467—87）
屠宰率（%）	74（测定方法同上）

（3）我国瘦肉猪新品系选育及配套研究　20 世纪 70 年代以来，我国很多单位开始瘦肉型猪新品系选育的研究工作。从 1986 年第七个五年计划国家科学技术委员会和农业部在全国选择 6 个省（市）11 个科研单位和高等院校开始了猪专门化品系的研究工作，并以“中国瘦肉猪新品系选育及配套研究”为题，列入国家重大科技“攻关”项目，不少省（市）或企业自行筹资，也开始猪专门化品系培育研究工作。

从20世纪70年代末、80年代初开始，我国相继育成了一些专门化品系和配套系。1996年6月24日，国家成立了畜禽品种资源管理委员会，下设五个专门委员会，猪的专业委员会制定了种猪和配套系的审定条件和审定办法等一系列文件，并开始了猪种和配套系的审定工作。

中国瘦肉猪新品系选育及配套研究课题组，共完成了5个母本专门化品系和4个父本专门化品系的选育以及配套研究。母本品系猪的主要经济技术指标见表1-12。

表1-12　新品系猪主要经济技术指标

母系号	经产母猪产仔数			生长育肥			胴体瘦肉率	
	窝数	窝产仔数	世代提高	头数	90（或85）kg日龄	料重比	头数	%
DⅢ	40	14.08	0.25	152	175.7	3.14	11	58.20
DⅣ	62	13.15	0.27	47	178.0	3.01	36	61.28
DⅤ	49	12.50	0.65	60	176.5	3.14	30	60.03
DⅥ	45	13.06	−1.46	128	172.0	3.30	7	59.56
DⅦ	51	14.18	0.17	59	178.0	3.19	30	54.31
平均	247	13.37			175.3	3.19	114	56.87

注：专门化母猪培育的承担单位：浙江农业科学院畜牧研究所承担DⅢ系，华中农业大学畜牧兽医学院承担DⅣ系，黑龙江农垦科学院红星隆科学研究所承担DⅤ系，北京农林科学院畜牧研究所承担DⅥ系，江苏苏州太湖猪育种中心承担DⅦ系。杂优猪生产成绩见表1-13。

表1-13　杂优猪生产成绩

母系号	小型试验						中间试验					
	规模			90或85kg日龄	料重比①	窝年瘦肉量(kg)	规模			90kg日龄	料重比	窝年瘦肉量②(kg)
	父本	窝数	头数				父本	窝数	头数			
DⅢ	D	15	176	170.2	3.04	476.2	D	34	405	169.7	3.11	474.4
DⅣ	D	20	247	163.2	3.16	497.7	D	36	415	159.6	3.04	490.5
DⅤ	D	15	171	169.0	3.05	469.2	W	30	350	167.0	3.01	470.4

（续）

母系号	小型试验						中间试验					
	规模			90或85kg日龄	料重比①	窝年瘦肉量（kg）	规模			90kg日龄	料重比	窝年瘦肉量②（kg）
	父本	窝数	头数				父本	窝数	头数			
DⅥ	W	15	165	170.0	3.09	460.4						
DⅤ	W	27	308	165.0	3.11	466.1	W	36	459	166.0	3.10	462.1
	D						D	34	431	165.0	3.01	470.2
DⅦ	W	15	183	168.5	3.16	460.1	W	30	369	168.0	3.09	487.1
平均		102	1 204	168.5	3.09	470.8		200	2 424	165.8	3.06	475.5

注：①开始体重为25kg；②为加权平均数

父本品系猪生长和育肥性能测定结果见表1－14。

表1－14　生长和育肥性能

测定项目	世代数	系别			
		SⅠ	SⅡ	SⅢ	SⅣ
测定头数	零	230	64	150	20
	三	141	126	302	59
	最后世代	（8）201	（5）137	（5）96	（5）80
达90kg体重日龄	零	168.0±5.9	163±10.6	179.2±16.8	189.4±22.1
	三	159.0±9.6	155.9±10.6	157.7±15.2	160.2±10.7
	最后世代	（8）160.0±8.9	（5）156.4±11.4	（5）158.4±12.8	（5）160.0±8.5
25～90kg料重比	零	3.14±0.15	3.17±0.23	3.11±0.13	3.89±0.54
	三	2.84±0.41	2.97±0.17	2.72±0.25	3.03±0.28
	最后世代	（8）2.84±0.22	（5）2.87±0.21	（5）2.88±0.22	（5）2.93±0.45
25～90kg日增重（g）	零	699±79	743±76	717±86	588±119
	三	778±91	787±79	750±72	712±91
	最后世代	（8）761±66	（5）786±82	（5）765±80	（5）764±71

注：（1）括号内的数字为世代数

父本品系猪结束世代的屠宰性能测定结果见表1－15。

表 1－15　父系猪屠宰性能

系别	屠宰头数	瘦肉率（%）	平均膘厚（cm）	眼肌面积（cm^2）	宰后 45min pH	系水力（%）	肉色评分（眼观）
SⅠ	23	64.13±1.0	1.60±0.22	33.62±2.71	6.30±0.18	86.11±3.03	3.16±0.24
SⅡ	26	62.56±2.76	2.23±0.28	32.94±3.12	6.48±0.10	89.44±7.63	2.88±0.26
SⅢ	16	62.41±2.89	2.11±0.35	33.52±4.27	5.95±0.24	72.47±12.34	3.90±0.70
SⅣ	30	64.24±2.59	2.14±0.36	46.93±5.53	6.11±0.32	78.77±10.58	3.02±0.64

杂优猪主要经济性状测定结果见表 1－16。

表 1－16　以新品系为父本生产的杂优猪主要经济性状

父本	母本	测定窝数	测定头数	25～90kg 日增重（g）	25～90kg 料重比	达 90kg 日龄	瘦肉率（%）	窝产瘦肉量（kg）
SI	DⅢ	34	405	652	3.11	169.7	63.13	474.35
	DⅣ	12	123	789	3.00	155.4	64.10	497.71
	DⅤ	15	165	778	3.09	171.0	63.87	460.35
	DⅥ	20	258	628	3.26	158.0	60.60	470.00
SⅢ	中畜白猪系列	20	235	687	3.01	170.5	59.20	468.56
SⅣ	DⅦ	15	181	661	3.12	168.6	58.42	472.05
SⅢ	中畜白猪系列	20	235	687	3.01	170.5	59.20	468.56
SⅣ	DⅦ	15	181	661	3.12	168.6	58.42	472.05

注：专门化父系培育的承担单位：浙江农业科学院畜牧研究所承担 SⅠ系，湖北农业科学院畜牧兽医研究所承担 SⅡ系，中国农业科学院畜牧研究所承担 SⅢ，杭州市种猪试验场承担 SⅣ系。

DⅢ系的配套研究，进行了 4 个纯系 7 个配套组合的测定，选出 SⅠ×DⅢ为最优组合。据 132 窝统计，平均产仔 13.42 头，产活仔 12.45 头，60 日龄育成 10.9 头；生长育肥猪 185 头，平均 172 日龄体重达 90kg，体重 20～90kg 阶段平均日增重 618g，每千克增重耗料 2.76kg；体重 90kg 屠宰，胴体瘦肉率 61.91%，窝产瘦肉量 459.2kg。

SⅣ系的配套研究，DⅣ系分别与五个父系杂交，选出SⅠ×DⅣ为最优组合。据36窝统计，平均产仔13.10头，产活仔12.40头，45天育成11.9头；生长育肥419头，平均159.57日龄体重达90kg，平均日增重752、57g，每千克增重耗料3.04kg；平均膘厚为2.14cm，眼肌面积36.7cm²，胴体瘦肉率63.19%，窝产瘦肉量487.08kg。

DⅤ系的配套研究，DⅤ系与杜洛克猪配套杂交，平均产仔12.8头，窝出栏肥猪11.37头；生长育肥猪350头，平均165.0日龄体重达90kg，平均日增重680.89g，每千克增重耗料3.11kg；平均膘厚为3.03cm，眼肌面积31.25cm²，胴体瘦肉率63.19%，窝产瘦肉量470.4kg。

DⅦ系的配套研究，DⅦ系与大白猪和长白猪配套杂交，以大白猪与DⅦ系配套为优。据30窝的统计，平均产仔13.6头，生长育肥猪369头，168.02日龄体重达90kg，日增重655g，每千克增重耗料3.01kg；胴体瘦肉率59.99%，窝产瘦肉量487.08kg。

山西农业大学畜牧系、山西农业厅畜牧局、大同市种猪场、长治市种猪场等于1993年进行了“高效杂优猪配套合成研究”，以马身猪、山西黑猪、SD－Ⅰ系为母本，与杜洛克猪、皮特兰猪、大白猪、长白猪进行杂交，结果见表1－17和表1－18。

表1－17 猪的繁殖性能

	组合	胎别	产仔				35日龄断奶		
			窝数	产仔数	产活仔数	个体重(kg)	窝数	哺育率(%)	个体重(kg)
单交	杜×本	初产	18	10.7±0.36	10.1±0.38	0.92±0.14	16	91.1	6.15±0.35
		经产	15	12.3±0.25	11.8±0.29	1.01±0.21	15	92.4	6.28±.032
	杜×黑	初产	21	10.4±0.17	9.6±0.21	1.05±0.09	19	90.6	6.35±0.24
		经产	16	12.1±0.21	11.5±0.17	1.12±0.12	14	91.3	6.64±0.26
	杜×花	初产	17	10.1±0.32	8.9±0.21	1.13±0.17	16	92.1	6.74±0.31
		经产	12	12.2±0.28	11.4±0.25	1.21±0.20	11	91.2	6.87±0.28

（续）

	组合	胎别	产仔 窝数	产仔数	产活仔数	个体重（kg）	35日龄断奶 窝数	哺育率（%）	个体重（kg）
	皮×花	初产	10	9.8±0.31	9.3±0.23	1.06±0.12	9	92.4	6.40±0.32
双交	长大×杜本	初产	15	11.2±0.32	10.31±0.34	1.05±0.17	13	86.3	6.37±0.41
		经产	30	13.07±0.36	12.78±0.27	1.11±0.12	24	91.3	6.84±0.32
	长大×杜黑	初产	19	10.95±0.30	10.05±0.28	1.07±0.4	18	90.1	6.74±0.31
		经产	24	12.85±0.24	12.54±0.27	1.18±0.21	23	92.2	6.97±0.28
	长大×杜花	初产	29	10.86±0.24	9.36±0.19	1.12±0.11	27	90.8	7.01±0.18
		经产	15	12.46±0.31	11.49±0.24	1.21±0.24	12	91.7	7.15±0.21
	长大×皮花	初产	18	10.31±0.26	9.01±0.17	1.23±0.21	9	89.7	6.78±0.24

注：本即本地马身猪；黑即山西黑猪；花即SD-Ⅰ系。

表1-18 猪的育肥和屠宰性能

组合		育肥性能25～90kg 头数	达90kg日龄	日增重（g）	料重比	90kg屠宰 头数	平均膘厚（cm）	眼肌面积（cm^2）	瘦肉率（5）
单交	杜本	16	193.7±3.75	603.6±35.67	3.16	12	3.22±0.23	28.6±1.21	56.52±1.21
	杜黑	16	191.5±2.50	595.7±39.20	3.14	12	3.18±0.19	28.15±1.04	54.73±1.15
	杜花	18	187.3±1.86	659.4±27.67	3.21	12	2.94±0.15	33.42±1.02	58.31±0.85
	皮花	18	186.7±2.78	613.9±30.54	3.24	8	3.12±0.18	29.52±1.14	58.92±1.05
双交	长大杜本	24	179.2±2.54	659.0±29.56	3.01	12	3.02±0.21	30.18±1.07	60.12±0.64
	长大杜黑	24	176.7±1.86	668.5±23.08	2.93	12	2.97±0.23	30.07±0.96	60.84±0.56
	长大杜花	18	172.5±2.10	712.5±31.4	2.82	12	2.62±0.14	33.11±1.21	62.33±0.89
	长大皮花	18	181.3±3.25	628.1±27.63	3.09	8	2.84±0.28	29.89±0.87	58.71±0.59

从育肥和屠宰性能测定的结果，双交杂优猪长大杜花为最优组合，体重25～90kg阶段，平均日增重712.58g，172.5日龄体重达90kg，每千克增重耗料2.82kg；平均膘厚2.62cm，眼肌面积33.11cm^2，胴体瘦肉率62.33%；窝产仔数以长大杜本为最优，初产猪为11.21头，经产猪为13.07头。

（4）加强地方猪种的保护和利用　我国自20世纪80年代前后，

各地开展了瘦肉型猪新品系培育。1986 年以“中国瘦肉猪新品系选育与配套研究”为题，列入国家科技攻关项目，有些省（市）也进行了专门化品系培育和配套杂交的研究，均取得很好的进展。

有计划地从国外引种（包括品种、品系、配套系等），促进我国养猪生产的发展是一个很好的途径。如何充分利用这些资源，如何有效地发挥我国地方猪种的作用，是值得高度重视的问题。我国猪种资源极为丰富，且品质优良，为世界猪种的改良起过重要作用。我国地方猪种优良的种质特性，特别是高产仔性能，引起国际养猪界的高度重视。法国从我国引进太湖猪，经杂交改良育成新品系，并参与配套系杂交。美国 NPD 公司用大白猪、长白猪与太湖猪杂交育成新品系，产仔数比大白猪、长白猪提高 3 头。

为适应养猪生产系统的复杂多元结构、自然生态环境的复杂多变与多样性、产品市场多级性的需要，充分利用我国地方猪品种、培育猪品种为基础素材，培育专门化品系，进行配套系杂交，对我国生猪生产的发展和不断开拓新的国际市场具有深远的意义。地方猪品种是我国宝贵的资源，应加强对这个珍贵的“基因库”的认识，深入进行种质特性的研究，逐步揭示未被发现的“奥妙”，充分利用这些品种资源，在保种中利用，在利用中保种，才能保证养猪业健康持续发展。

第二部分　猪的物质基础

饲料是养猪的物质基础，猪利用饲料中的营养物质维持生命活动和生产产品。了解和掌握猪对营养物质的需要和变化规律，根据猪的饲养标准和当地的饲料资源，合理配制日粮和组织生产，以提高养猪生产水平和经济效益。据报道，养猪饲料消耗率的下降，其中49%归于改进饲养，26%归于改善管理和改善环境，15%归于选种，10%归于疾病控制。可见，猪的营养与饲料配合对养猪生产起着重要作用。

一、饲料与猪体组成

（一）饲料是养猪的物质基础

猪产品是由饲料中的营养物质转化而来，猪吃了饲料以后，饲料中的营养物质在其体内经过复杂的代谢，进行一系列的分解与合成，转化成体内的成分。蛋白质分解为蛋白脲、蛋白胨，分解为多肽，再分解为氨基酸，被吸收合成为体蛋白质；脂肪分解为甘油和脂肪酸，被吸收形成体脂肪；碳水化合物分解为麦芽糖，再分解为葡萄糖，被吸收后转化为脂肪或肌肉糖原。

猪的饲料是千差万别的，而猪的产品（猪肉、猪乳等）化学结构是比较一致的。因此，在了解饲料与产品组成与转化的基础上，争取缩小两者间的差距，合理调制饲料和组织饲养，是提高养猪生产水平的有效途径。

为加深对猪与饲料营养之间关系的认识，以生长育肥猪为例进行介绍。

（1）越喂越瘦　每天喂给猪的饲料数量少、质量差，猪从饲料中得到的营养物质不能满足维持正常生命活动的需要，为了生存消耗体内的积存，因此体重逐日下降。

（2）只吃不长　猪每天从饲料中得到的营养物质仅能满足维持正常生命活动的需要，没有多余的营养物质供给增重所需，因此体重不增不减。

（3）长得很慢　猪每天从饲料中得到的营养物质，除满足维持正常生命活动所需之外，只有少量营养物质用来增重。因此体重增加很慢。

（4）长得很快　猪每天从饲料中得到的营养物质，除满足正常生命活动所需之外，有全面而充足的营养物质用来增重，因此体重增加很快。

例如：一头体重50～60kg的生长育肥猪，预计日增重600g，据计算，每天需消化能25.94 MJ才能满足其维持正常生命活动、代谢和增重的要求。其中：

维持需要消耗的能量为9.09 MJ，约占能量总消耗的35%。

同化和转化饲料营养物质消耗的能量为6.94 MJ，约占能量总消耗的25%。

用于体组织的增长（即沉积脂肪和体蛋白质等）消耗的能量为10.38 MJ，约占能量总消耗的40%。

如饲料营养供给不足，首先影响体组织的增长，维持正常生命活动的需要不可能因供给不足而减少消耗。

（二）饲料与猪体组成

自然界中的各种物质均由化学元素组成，饲料和猪体中的绝大部分元素并非以单独形式存在，而是相互结合成为复杂的无机与有机化合物。

饲料虽多种多样，但其化学成分是相同的，仅是含量多少不同而已，其化学组成中都含有水分、蛋白质、脂肪、碳水化合物、粗纤维、灰分等，均含有碳、氢、氧、钙、磷、钾、钠、氯、镁、铁、碘、锌、钴、铜、锰等元素，但其含量有明显差异。

猪从饲料中摄取各种化学元素后，经体内一系列复杂的变化，合成无机化合物和有机化合物，其一是构成体内组织的成分（如蛋白质、碳水化合物、脂肪、矿物质、水分等）；其二是利用饲料营养物质合成的产物（如氨、尿素、肌酸、氨基酸、甘油、脂肪等）；其三是生物活性物质（如激素、酶、抗体、维生素等）。糖和脂肪在体内以分子状态存在，游离氨基酸和组成无机盐类的元素等在体内以离子状态存在，蛋白质以胶体状态存在。

饲料与猪体的化学组成有以下的差别。植物性饲料含有粗纤维，猪体不含粗纤维；植物性饲料中含有蛋白质和氨化物，猪体内含有蛋白质、游离氨基酸和一些激素，不含氨化物；植物性饲料的粗脂肪中，除中性脂肪与脂酸外，还含有色素、蜡质、磷脂等，猪体内则含有中性脂肪酸、脂酸以及各种脂溶性维生素；植物性饲料中的无氮浸出物为淀粉，猪体内则为糖原和葡萄糖等。

饲料与猪体在组成成分上有明显差别。植物性饲料中碳水化合物的比重大，水分含量变化范围大，猪体内水分含量虽有变化但较稳定。动物性饲料中的蛋白质和氨基酸优于植物性饲料。

二、猪的消化与吸收

（一）消化器官与消化过程

猪的消化器官是由消化管和与其相连的消化腺所组成。消化管包括口腔、咽、食管、胃、小肠（包括十二指肠、空肠、回肠）、大肠（包括盲肠、结肠、直肠）和肛门。消化壁的内层为黏膜、中层是肌层、外层是外膜或浆膜。消化腺的内壁腺在消化管壁内（如胃腺、肠腺等）；外壁腺在消化管壁外，以导管与消化管相连（如唾液腺、胰腺、肝脏等）。消化腺分泌消化液，制造消化酶，经导管进入消化管内。咀嚼和胃肠运动属于物理消化过程，将饲料变碎，与消化液混合成食糜，并推向下段消化道。在消化液各种酶的作用下，促进饲料中蛋白质、糖类、脂肪等分解，属于化学消化过程。植物性饲料中也含有相应的酶，亦参加消化作用。消化器官的分泌、运动和微生物的作用，将饲料的复杂结构，分解为简单的组成，被机体吸收和利用。

物理的、化学的、微生物的消化过程是相互联系共同作用的。口腔消化以咀嚼为主，也有酶的作用；胃与小肠则以腺体分泌的消化液对食物进行分解。化学性消化主要靠酶的催化作用，消化酶种类很多（表 2-1），作用亦不相同。酶的作用受温度、酸碱度、激动剂、抑制剂等的影响，消化酶对环境 pH 的改变很敏感，要求一定的 pH（表 2-2）。猪的体温是消化酶最适宜的温度。

表 2-1　消化道的主要酶类

来源	酶类	前体物	致活物	底物	终产物
唾液	唾液淀粉酶（淀粉酶）			淀粉	糊精、麦芽糖
胃液	胃蛋白酶	胃蛋白酶原	盐酸	蛋白质	际、胨
胃液	凝乳酶	凝乳酶原	盐酸	酪蛋白	酪蛋白、际、胨
胰液	胰蛋白酶	胰蛋白酶原	肠激酶	蛋白质、际	胨、肽
胰液	縻蛋白酶	縻蛋白酶原	胰蛋白酶	蛋白质、际	胨、肽
胰液	羧肽酶	羧肽酶原	胰蛋白酶	肽	氨基酸
胰液	氨基肽酶	氨基肽酶原	胰蛋白酶	肽	氨基酸
胰液	胰脂酶			脂肪	甘油、脂肪酸
胰液	胰麦芽糖酶			麦芽糖	葡萄糖
胰液	蔗糖酶			蔗糖	葡萄糖、果糖
胰液	胰淀粉酶			淀粉	糊精、麦芽糖
胰液	胰核酸酶			核酸	核苷酸
胰液	氨基肽酶			际、胨、肽	氨基酸
肠液	双肽酶			际、胨、肽	氨基酸
肠液	麦芽糖酶			麦芽糖	葡萄糖
肠液	乳糖酶			乳糖	葡萄糖、半乳糖
肠液	蔗糖酶			蔗糖	葡萄糖、果糖
肠液	核酸酶			核酸	嘌呤和嘧啶碱磷酸、戊糖
肠液	核苷酸酶				

表 2-2　酶作用适宜的 pH

酶类	pH
唾液淀粉酶	6.7～7.0
胃蛋白酶	1.5～2.5
凝乳酶	6.0
胃脂肪酶	5.0～6.0
胰蛋白酶	7.8～9.5
胰脂肪酶	7.0～8.0
胰蔗糖酶	6.2
胰麦芽糖酶	6.1
肠双肽酶	8.0

（二）口腔与胃消化

食物进入口腔，经咀嚼混入唾液吞咽入胃，在胃底部分泌的胃液作用下，胃内容物逐渐被渗透，开始对蛋白质进行消化。

1. 唾液及其作用

唾液呈弱碱性，含有少量电解质、蛋白质及淀粉酶、口腔黏膜脱落细胞和淋巴细胞等。唾液含有大量水分并带黏性，可润湿饲料，利于咀嚼和吞咽，有利于将饲料粘合成团。唾液由于能溶解食物中的一些可溶性物质，可刺激味觉。唾液中含有淀粉酶，可少量的分解淀粉为麦芽糖和葡萄糖。唾液具有冲淡、中和有害物质的作用，防止口腔黏膜受到损害。

2. 胃液及其作用

胃液是黏膜表面上皮细胞、贲门腺、胃底腺、幽门腺的混合分泌物。除水分外，含有细胞的酸性分泌物和胃蛋白酶、黏蛋白、电解质的非壁细胞的碱性分泌物。

（1）盐酸　盐酸是由壁细胞分泌而来，与黏液有机物结合的称为结合盐酸；游离的称为游离盐酸，游离盐酸占总量的 90%左右。胃液中的盐酸不仅具有抑菌作用，而且对整个消化过程起着重要作用，对食物起着化学作用并可激活胃蛋白酶，在一定程度上决定消化器官的活动。

（2）胃消化酶　猪胃液中的消化酶有胃蛋白酶和凝乳酶，含有少量的脂肪酶和双糖酶。刚分泌出来呈不活动状态的叫胃蛋白酶原，与酸作用被激活后叫胃蛋白酶。猪胃液的胃蛋白酶分解能力相当强，盐酸分泌的多少制约胃液消化力的强度。在胃蛋白酶的作用下，蛋白质分解为蛋白䏡和蛋白胨。胃液具有强烈的凝乳作用，刚出生的仔猪胃内含有凝乳酶，可将乳中的酪蛋白原转变成酪蛋白，同钙离子结合成不溶性的酪蛋白钙，使乳汁凝固。随日龄和体重的增长，胃液的凝乳能力增强。

（3）黏液　胃液的黏液中含有蛋白质、黏多糖等。胃的黏液覆盖于黏膜表面，有润滑作用，可保护黏膜，中和、缓冲胃酸和防止胃蛋白酶对黏膜的消化作用。

3. 胃内消化过程

混有唾液的食糜进入胃以后，逐渐被胃液渗透，开始对饲料蛋白质的消化，胃内容物的酸度和消化力以接近胃底部的下层为最高，由下而上，即由胃壁向胃中心渗透。胃蛋白酶原的含量比盐酸稳定，盐酸分泌的多少制约胃液消化力的强度。因此，可通过提高胃内的酸度来提高胃液的消化能力。猪采食饲料后，由于饲料和唾液与胃液的盐酸结合，而降低了胃内酸度，使饲料蛋白质膨胀，开始胃内的消化过程，且有利于糖类、脂类在胃内的消化。随着距饲喂时间延长，胃内的糖类由于细菌发酵作用，产生有机酸，提高了消化力。各种饲料与胃液中盐酸的结合能力以及胃液分泌量和性质均不相同，因此，用不同饲料喂猪，胃内的酸度和消化力有差异。鱼粉、奶制品等蛋白质含量高的饲料与酸的结合能力强。因此，胃内容物的酸度较低，会影响对蛋白质的消化能力。容积大的饲料、蛋白质含量少的饲料与酸结合能力低，并可刺激胃壁引起胃腺分泌加强，增加胃内食物的酸度，提高消化能力。猪胃内由于微生物的发酵作用，淀粉被分解为可溶性糖，进一步分解产生有机酸胃内发酵过程的强度与胃液作用密切相连。尚未与胃液接触的胃内食物，除了唾液淀粉酶和饲料中的糖类分解酶继续进行作用外，还有乳酸菌等在胃内繁殖进行发酵作用，产生乳酸菌及挥发性脂肪酸等。猪胃内除进行糖类发酵、蛋白质分解以外，还发现对脂肪酸的消化作用，在胃壁有极少量的脂肪酶，但胃内脂肪的消化作用甚微。

（三）小肠消化

食物经胃消化变成酸性食糜进入小肠，受到胰液、胆汁、肠液和小肠运动的作用，开始小肠消化。

1. 胰液及其作用

胰液呈碱性，其所含无机物中主要是碳酸氢钠，有机物中主要是胰蛋白分解酶、胰脂肪酶、胰淀粉酶等消化酶。胰液中还有麦芽糖酶、蔗糖酶、乳糖酶等，可将双糖分解为单糖。核酸酶可降解核糖核酸和脱氧核糖核酸为单核苷酸。

（1）胰蛋白分解酶　主要包括胰蛋白酶、糜蛋白酶、羧肽酶等。胰蛋白酶原经肠激酶作用或自动催化转变为胰蛋白酶。在胰蛋白酶的作用下，糜蛋白酶、羧肽酶被激活。胰蛋白酶对变性的蛋白（经胃液消化）进行作用，与糜蛋白酶共同将蛋白水解为多肽，羧肽酶降解多肽或肽为氨基酸。

（2）胰脂肪酶　是消化脂肪的主要酶类，在胆盐的共同作用下，将脂肪分解为脂肪酸和甘油一酯。该酶的活性能被钙离子、肽、多肽所加强。

2. 胆汁及其作用

胆汁在肝内生成，平时分泌的胆汁由肝管经胆管流入十二指肠或贮于胆囊中。胆汁分泌不仅是分泌消化液的过程，也是排泄某些代谢产物（血红蛋白分解产物）的过程。

胆汁为黏性甘味液体，呈酸性或弱碱性。胆汁的组成有胆色素、胆酸、胆固醇、卵磷脂、其他磷脂、脂肪、矿物质等。胆汁的消化作用包括：胆酸盐为胰脂肪酶的辅酶，可增强脂肪酶的活性；胆酸盐可增大脂肪酸的接触面积，利于脂肪酶的消化作用；胆酸盐与脂肪酸结合为水溶性的复合物，可促进脂肪的吸收；可刺激小肠的运动，促进脂溶性维生素的吸收；能中和部分由胃进入小肠中的酸性食糜等。

3. 小肠液及其作用

小肠液是小肠黏膜中各种腺体的混合分泌物。肠液中消化酶的活性随饲料成分不同而不同。饲喂蛋白质丰富的饲料，肠液中蛋白酶的含量增加；饲喂淀粉丰富的饲料，肠液中分解糖的酶类增加；肠液中除含有使胰蛋白酶原活化的肠激酶外，还含有肠肽酶（分解多肽为氨基酸）、肠脂肪酶（分解脂肪为甘油和脂肪酸），分解糖类的酶有蔗糖酶、麦芽糖酶、乳糖酶（把双糖分解为单糖），分解核蛋白质的酶，主要有核酸酶、核苷酸酶、核苷酶等。

（四）大肠消化

食糜经小肠消化吸收，残余部分进入大肠。大肠黏膜腺体分泌碱性消化液，含消化酶很少。大肠内的消化主要靠食糜由小肠带入的消化酶和微生物的作用。猪大肠内的消化过程以微生物的消化作用占重要的位置，有乳酸菌、链球菌、大肠杆菌和少量的其他菌类。对粗纤维的消化，大肠内纤维分解菌起了很大的作用，将纤维素及其他糖类分解产生有机酸。

经胃和小肠消化后，未被分解的糖类，在大肠内经微生物的作用分解成己糖，再酵解为丙酮酸和乳酸，最后转变为低级脂肪酸。大肠细菌能分解蛋白质、多种氨基酸及尿素，产生氨、胺类和有机酸，能合成B族维生素，还能合成高分子的脂肪酸。

（五）吸收

饲料被消化以后，其分解产物经消化道黏膜上皮细胞进入血液或淋巴液的过程为吸收。

1. 吸收部位与转运过程

因消化道各部位组织结构的不同，食物成分和停留时间的差异，在消化道的不同部位，吸收程度和速度也不相同。

食物在口腔和食管内不被吸收，胃的吸收有限，仅吸收少量水分和无机盐；由于蛋白质、脂肪和糖的分解不太完全，故不易被吸收。小肠是吸收养分的主要部位，大肠对有机营养成分的吸收亦很有限。

养分在胃肠道内的吸收，大致分为滤过、扩散、渗透等被动转运过程和主动转运过程。主动转运过程是胃肠黏膜上皮对各种营养成分的吸收，靠上皮细胞的代谢活动，需要有载体的协助（载体是一种运载营养物质进出上皮细胞的脂蛋白），细胞膜同载体合成复合物，复合物通过细胞膜转入上皮细胞，营养物质与载体分离，而释入细胞中，载体回到细胞膜外，如此往返循环，以主动吸收营养物质。运转过程中，须有酶的催化和一定的能量供给。吸收取决于营养物质和膜的结构，绒毛运动对吸收也起一定的作用，养分的吸收和绒毛运动分别受神经和化学因素的调节。

2. 营养物质的吸收

（1）糖的吸收　食物中的糖，在猪的胃肠道内经消化酶降解成为双糖和单糖，单糖被吸收，大部分经门静脉至肝脏，部分经淋巴进入循环血液中。双糖虽可溶解在肠内容物中，一般不能被吸收。

单糖被吸收后，在肠黏膜细胞内，经己糖磷酸激酶的催化，形成磷酸己糖，脱去磷酸成自由糖进入血液。

（2）挥发性脂肪酸的吸收　猪的盲肠和结肠的食糜中，含有大量挥发性脂肪酸，可在盲肠和结肠中被吸收。

（3）脂肪的吸收　脂肪的吸收可经两个途径，短、中链脂肪酸和甘油进入门静脉运输，乳糜微粒（中性脂肪）及多数长链脂肪酸由淋巴进入血液。

脂肪在胆盐和脂肪酸的作用下，水解成脂肪酸和甘油。脂肪酸与胆盐形成复合物，透过肠黏膜的上皮细胞，然后脂肪酸与胆盐分离，胆盐透出细胞经血液循环入肝；甘油透入细胞与磷酸作用，形成磷酸甘油，与脂肪酸合成磷脂化合物后转变成中性脂肪，一部分经绒毛中央的乳糜管入淋巴管，另一部分由毛细血管入门静脉。

（4）蛋白质的吸收　在正常情况下，蛋白质在胃肠道内被蛋白分解酶降解为氨基酸，主动吸收入血。游离氨基酸通过主动需能的载体吸收，载体分别对中性、酸性氨基酸起运载作用，精氨酸、蛋氨酸、异亮氨酸、亮氨酸等在肠内被迅速吸收，组氨酸、苏氨酸、甘氨酸、谷氨酸等在肠内吸收缓慢，其余氨基酸的吸收居中。

食糜内的氨基酸可借助于肠内细菌的脱氨基酶的作用，分解成氨和有机酸被吸收。在特定的情况下，可能由于肠黏膜形态结构发生改变，将一些天然蛋白质吸收。例如，出生仔猪吮食初乳后，可将完整的蛋白质吸收，获得免疫抗体，免疫球蛋白依赖肠黏膜上皮的胞饮作用被吸入，经淋巴系统进入血液循环。出生数日龄的仔猪，由于肠上皮胞饮作用的消失，蛋白质不能透过肠上皮细胞，必须分解为氨基酸才能被吸收。

（5）水的吸收　胃黏膜仅能少量吸收水分，水分主要在小肠和大肠吸收。肠壁吸收水分主要靠渗透，食糜进入小肠，由于消化液分泌和肠内容物渗透压较高，营养物质被吸收时，使上皮细胞内的渗透压升高，促进了水分的转移，小肠内水分增加，使食糜与血液等渗时，水分和一些溶解物被吸收。

（6）盐类的吸收　钠离子在正常情况下几乎全被吸收，钠离子参加单糖、氨基酸、嘧啶的吸收（主动转运）和水的转运。细胞外钠的转运同细胞内钾离子的转运是偶联的，钠离子的主动转运，取决于细胞内钾离子的浓度。主动转运钠逆电化学梯度从黏膜一侧移至浆膜一侧，所有的钠离子不能离开肠腔，当净流量等于零（即主动流量与被动流量相等），其浓度高于这一数值，钠被吸收。钾离子的吸收是顺着浓度梯度而逆电梯度的被动转运过程。

在小肠内吸收的主要负离子是氯离子（Cl^-）和碳酸氢根离子（HCO_3^-）。通常氯的转运是顺着电梯度的被动转运过程，氯的吸收和钠是平行的，大部分氯的吸收是由于钠被吸收的结果。碳酸氢根离子在空肠易被吸收，在小肠内氯的吸收和碳酸氢根的分泌是密切关联的。

小肠能逆浓度梯度吸收钙离子，由于钙、镁离子的吸收具有共同的转运机制，其间存在竞争性关系。整个小肠都能吸收铁，部分在十二指肠吸收。小肠对铁的吸收，因机体造血组织对铁的需要而异，缺铁时铁的吸收可相应增加。小肠黏膜吸收的部分铁，以铁蛋白的形式贮存于肠绒毛的吸收细胞内，部分铁转运至血浆，与血浆蛋白结合形成铁传递蛋白，供机体需要。

(7) 维生素的吸收　维生素分为脂溶性维生素（A、D、E、K）和水溶性维生素（维生素C和B族）两类。B族维生素包括硫胺素、核黄素、烟酸、吡哆醇、泛酸、叶酸、生物素、胆碱、维生素B_{12}等。

一般认为，维生素A可通过主动转运过程被吸收，维生素D、维生素E、维生素K则借扩散经吸收细胞的组分被动吸收。脂溶性维生素经乳糜管由肠黏膜转运，在小肠吸收，以十二指肠和空肠为主。水溶性维生素除维生素B_{12}外，通过被动扩散主要在小肠前段吸收，维生素B_{12}的吸收需要来源于胃黏膜的内因子，在空肠、回肠前段被吸收，先在小肠细胞内停留1～4h再转送入血。叶酸可能是主动转运吸收。

（六）消化器官整体的消化生理活动

在正常猪体中，消化器官之间紧密联系、相互协调构成整体的消化生理功能。根据猪的特点，选用优质的饲料，配制高效的饲粮，重视饲料形态，确定合理的饲喂次数和饮水量，可提高消化腺的分泌水平和胃肠道的消化能力。

1. 消化腺的分泌水平

消化腺的分泌水平是衡量消化水平的重要标志之一，消化水平高表明饲料中的营养成分用于猪生产产品所占比例就大。因此，提高消化腺的分泌水平，才能提高胃肠道的消化能力，达到充分利用饲料、降低成本和增加产量的目的。

猪的消化液分泌量，在成年以前随月龄增长而增加，按采食每单位干物质计其分泌量则随月龄的增长而减少。3.0～3.5月龄的猪，24h消化液的分泌量为6～9L，7～8月龄约为24L，成年猪为48～50L；按采食每千克干物质，3月龄的猪分泌消化液7.1g，4月龄5.9g，6月龄4.1g，7月龄3.4g。

猪消化液的分泌量还受本身生理状态、饲料形态和类型、饲养管理等方面的影响。发情期母猪消化液的分泌量降低，采食每千克干物质分泌2.5g消化液，比发情期后减少1～2g。水分可抑制消化液的分泌，饲喂大量青绿多汁饲料或饲喂后大量饮水，可明显降低消化液的分泌。饲料熟喂，猪采食 1 千克干物质，消化液分泌量 1.8g，与生喂相比降低 1.7g。

用生干料、颗粒料喂猪具有良好的效果，一个重要原因就是可促进消化液的分泌，提高饲料利用率。

2. 食物通过消化道的速度

食物通过消化道的速度是消化过程的一个重要指标，速度快不利于营养物质的消化吸收。食物通过消化道的时间与猪的年龄、日粮组成、饲料形态、饲喂数量、饲喂时间和次数、饮水量有关。新生仔猪的排空速度快，喂给含脂肪高的日粮，可延缓排空时间；增加饲喂次数可加快食物通过消化道的速度；过多饲喂饲料和用稀料喂猪均可加快饲料通过速度；早晨饲喂较傍晚饲喂，食物通过消化道的速度要快。

3. 消化器官和消化过程的联系

消化器官是不可分割的整体，共同完成消化吸收机能。实现消化器官和消化过程间反射性的联系，神经系统特别是中枢神经起着主导作用。消化道内的激素和消化液中的盐酸、胆盐等，是神经系统实现消化器官和消化过程间相互联系的重要体液环节。

当猪采食含脂肪高的日粮时，食物由胃入肠，小肠黏膜产生阻抑胃素，抑制胃的运动和排空，以增加食物在胃和小肠的停留时间，使之得到充分的消化。又如胃底腺分泌的盐酸，可对食糜排空进行调节。盐酸入肠可促进胰腺分泌胰液，促进肝脏分泌胆汁及胆汁的输出；盐酸还能刺激小肠黏膜产生绒毛收缩素，促进绒毛运动，增加养分吸收。

4. 物质在消化道与血液间的交换

消化道完成消化吸收外，还随消化液将血液中排出的水分、含氮物质、矿物质、微量元素及其他内源性物质的大部分又吸收入血，以实现营养物质在消化道与血液间的交换，对机体的中间代谢起着重要作用。例如，在用玉米加不同质量的蛋白质组成饲料时，随消化道排出的内源氮有明显增加。单喂玉米时，猪在一昼夜内从消化道排出的内源氮约占摄入量的 3.56%，饲喂玉米和脱脂乳时占 7.96%，饲喂玉米和骨肉粉时占31.06%。说明在饲料中加入蛋白质饲料，可增强消化道与血液间含氮物质的交换，提高消化器官内含氮物质的代谢水平。

三、猪的基本饲料及特性

生产中可供作猪饲料的种类很多，包括：能量饲料、蛋白质饲料、矿物质饲料、青绿多汁饲料、饲料添加剂等。

（一）能量饲料

能量饲料是指饲料干物质中粗纤维含量小于18%，同时，粗蛋白质含量小于20%的饲料，主要包括谷实类、糠麸类、脱水的块根和块茎等。

1. 谷实类饲料

常用作饲料的有玉米、高粱、大麦、燕麦、小麦、稻谷、荞麦等。这类饲料淀粉含量高、适口性好、消化率高，含有较高的消化能。这种饲料蛋白质、氨基酸含量不足，钙含量低，磷含量虽高但有相当一部分为植酸磷，不能被猪利用。维生素A和维生素D缺乏也是这类饲料的不足之处。配制猪饲粮时，一定要重视饲料的多样性，尤其是营养平衡和氨基酸的平衡。

玉米含有较多的脂肪，其中不饱和脂肪酸较多。磨碎后的玉米易酸败，不宜长期保存，在存储过程中易发生霉变，产生的黄曲霉素毒性大，易引起猪中毒。高粱的种皮部分含有单宁，有苦涩味，适口性不好，使用时应去壳粉碎，不宜带穗整喂。用大麦喂猪应粉碎，否则不易消化。大麦易被赤霉菌感染，被感染的大麦不能用来喂猪。

2. 糠麸类饲料

此类饲料即谷实的加工副产品，加工的产品如大米、玉米粉、面粉为籽实的胚乳，而糠麸则为种皮、糊粉层和胚三部分。同原粮相比，其消化能较低，粗纤维含量较高，B族维生素含量丰富。小麦麸的粗蛋白含量较高、（14%～17%）质量也较好，含有赖氨酸0.5%～

0.6%，蛋氨酸较低（0.1%左右），B族维生素丰富，钙多磷少，磷多以植酸磷的形式存在，故利用率很低。麸皮具有轻泻作用，是妊娠母猪后期和泌乳期的良好饲料。麸皮的吸水性强，给猪大量干喂时易引起便秘。

（二）蛋白质饲料

此类饲料的特点是绝干物质中粗纤维含量低于18%，粗蛋白质含量在20%以上。这类饲料粗纤维含量低，可消化的养分多，是配合饲料的基本成分。

1. 植物性蛋白质饲料

包括豆类籽实（黄豆、黑豆、秣食豆等）以及油料作物籽实加工后的油饼（如豆饼、豆粕、棉籽饼、菜籽饼、花生饼、向日葵饼、胡麻饼、椰子饼、芝麻饼等）。

豆类籽实在生的状态下，含有一些不良的物质，如抗胰蛋白水解因子、抗凝血因子等，从而影响豆类籽实的适口性和消化率，必须经过适当的处理才能使用。饼 类饲料是油料籽实提取油以后的产品，用压榨法榨油后的产品称为饼，用溶剂提后的产品称为粕。浸提豆粕与机榨豆饼相比，适口性差，使用后有腹泻现象，必须经加热处理消除不良作用。

大豆饼粕一般含粗蛋白质40%～46%，赖氨酸2.5%左右，色氨酸0.10%左右，蛋氨酸0.38%左右，胱氨酸0.25%左右，富含铁、锌，总磷中的一半为植磷酸，胡萝卜素含量少（仅为0.2～0.4mg/kg）。

棉籽饼一般含粗蛋白质32%～38%，与豆饼相比，消化能约为豆饼的83.2%，粗蛋白质约为80.0%。其赖氨酸含量为1.48%，色氨酸为0.47%，蛋氨酸为0.54%，胱氨酸为0.61%。胡萝卜素和维生素D的含量较少，磷、铁、锌的含量丰富，植酸磷的含量较高（为0.62%～0.67%），会影响其他元素的吸收利用。菜籽饼粕含有毒素（芥子苷），具有苦涩味，适口性差，影响蛋白质的利用效果。棉籽饼中含有毒物质棉酚，要处理后用来喂猪，未去毒的棉籽饼粕喂猪必须控制喂量。花生饼易感染黄曲霉，贮藏时要防潮、防高温，以免引起发霉。

2. 动物性蛋白质饲料

主要包括鱼类、肉类、乳品加工副产品以及其他动物产品。如鱼粉、肉骨粉、血粉、脱脂乳、乳清粉、蚕蛹、蚯蚓等。该类饲料蛋白质含量高，赖氨酸含量高，碳水化合物含量很少，几乎不含粗纤维，维生素丰富，钙、磷含量高。这类饲料中脂肪含量高，保存过程中要防止酸败。

鱼粉是优质的蛋白质饲料，蛋白质含量高，含粗蛋白质55%～75%，赖氨酸、含硫氨基酸和色氨酸等必需氨基酸含量均很丰富。国产鱼粉粗蛋白质含量40%～50%。

血粉是屠宰场屠宰家畜时得到的血液经加工而成，含粗蛋白质80%。如采用高温、压榨、干燥制成的血粉，溶解性差、消化率低；采用低温、真空干燥法制成的血粉或经二次发酵的血粉，溶解性好、消化率高。

肉骨粉和肉粉是不能用作食品的畜禽尸体及多种废弃物，经高温、高压、灭菌处理后脱脂干燥制成，含骨量大于10%的称为肉骨粉，粗蛋白质含量35%～40%，肉粉粗蛋白质含量为50%～60%。

3. 单细胞蛋白质饲料

单细胞蛋白质饲料又称微生物蛋白质饲料或菌体蛋白饲料。一般是利用工农业产品的加工副产品，通过微生物（包括酵母、非病原菌、微型菌、真菌等）的作用来生产单细胞蛋白饲料。发展单细胞蛋白饲料是解决蛋白质饲料紧缺的有效途径之一。

（1）饲料酵母　饲料酵母是利用工业废液、废渣，如糖蜜、造纸废液、味精废液、啤酒废渣、石油碳氢化合物等为原料，接种酵母，经发酵干燥而成的蛋白质饲料。

饲料酵母蛋白质含量高，脂肪含量低，粗纤维和灰分含量取决于培养剂和发酵方式（固体发酵往往粗纤维含量高）。饲料酵母中赖氨酸含量较高，水溶性维生素丰富，含有多种酶及未知促生长因子，含硫氨基酸较缺乏。据报道，啤酒酵母含粗蛋白质47.6%，粗脂肪1.3%，粗纤维1.6%，粗灰分4.7%，钙0.15%，磷1.29%；含赖氨酸 3.27%，色氨酸 0.59%，蛋氨酸 0.80%，组氨酸 1.10%，亮氨酸 3.15%，异亮氨酸 2.4%，苯丙氨酸 1.85%，苏氨酸 2.24%，缬氨酸 2.80%，精氨酸 2.42%，胱氨酸 0.52%，酪氨酸 1.55%；石油酵母中氨基酸的含量（同啤酒酵母的顺次）分别为：4.51%，0.85%，0.98%，1.37%，4.49%，2.94%，2.80%，2.97%，3.40%，3.21%，0.66%，2.41%。

饲料酵母的质量变异很大，采用液体发酵工艺生产的质量相对稳定；采用固体发酵或缺少技术力量的小厂生产的饲料酵母，含酵母细胞数少，受杂菌污染的机会多，故质量不稳定。饲料酵母可用于各种年龄的猪，用量应根据实际情况而定。一般来说，哺乳仔猪为 2%～5%，生长育肥猪和母猪为 3%～6%。用时应注意补充含硫氨基酸，还应注意对采食量的影响，适口性差的饲料酵母应控制用量。

（2）藻类　藻类是利用工业废水或畜牧场阴沟水作营养源，通过自身光合作用增殖，然后分离干燥生产的一种蛋白质饲料。藻类的蛋白质含量在 50%左右，氨基酸含量与豆粕近似，蛋白质消化率 66%～72%。有些藻类如绿藻有苦味，适口性较差。藻类的细胞壁比较坚固，影响蛋白质的消化。可通过球磨、尿素浸泡、蒸煮、热喷、加酶等方法，克服缺点，提高藻类营养物质的消化率。

（三）矿物质饲料

矿物质饲料是补充动物对矿物质需要的饲料，包括人工合成的、天然单一的和多种混合的矿物质饲料，以及配合有载体或稀释剂的痕量、微量、常量元素补充料。各种植物性和动物性饲料中都含有一定数量动物必需的矿物质。

1. 常量矿物质补充料

（1）含氯和钠的补充料　氯和钠是动物所必需的重要元素，在植物性饲料中含量很低，常用氯化钠（食盐）补充。食盐中含氯 60%，含钠 39%。猪的配合饲料中食盐不足，可引起食欲下降、采食量减少、生产成绩下降，并导致导食僻。如食盐采食过量，且饮水不足，会造成食盐中毒。食盐在猪的配合饲料中用量一般为 0.25%～

0.50％。使用含盐量高的鱼粉、酱渣时应特别注意控制食盐喂量。

（2）含钙和磷的补充料　单纯补钙或补磷的补充料很少，同时补充钙和磷的补充料居多，在猪的日粮中钙的补充量大于磷。

①含钙补充料。主要是石灰石粉，为天然的碳酸钙，一般含钙不低于33％。石灰石中铅、汞、砷、氟的含量应符合卫生指标。猪用石粉的粒度越细吸收性能越好。

贝壳粉为牡蛎、蚌、蛤蜊、螺蛳等去肉烘干后的外壳经粉碎而成。优质的贝壳粉为灰白色，含钙多、杂质少、杂菌污染少。肉质未除尽的贝壳加工后水分高，易腐臭发霉。贝壳粉应注意保存，使用时要注意检查。贝壳粉的主要成分为：水分0.40％，钙36.00％，磷0.07％，镁0.30％，铁0.29％。

蛋壳粉为蛋加工后的蛋壳、蛋膜等混合物经干燥粉碎而成。含钙34％，磷0.09％，蛋白质7％。

其他钙源补充料有白云石、葡萄糖酸钙、乳酸钙、方解石、白垩石等。

②含磷补充料。骨粉是以动物骨骼为原料，经蒸汽高压蒸煮灭菌后再粉碎而制成，为黄褐色或灰褐色。因有机物含量不同，钙和磷的含量不同，一般含钙24％～30％、磷10％～15％、蛋白质10％～13％。有机物含量高的骨粉钙、磷含量低，常带有致病细菌，易发霉结块降低品质。使用时应注意脱氟，以防氟中毒。

磷酸盐。常用磷酸盐如磷酸的钙盐和钠盐，是用磷矿石或磷酸制成，多为白色粉末或白色结晶粉末。磷酸氢钙中的钙磷含量比例约为3∶2，接近动物需要的平衡比例，是猪常用的优质钙、磷补充料。使用时要注意脱氟。

③含钙和磷补充料的选择。应依据产品的纯度、有害元素（氟、砷、铅等）含量、相对密度和细度等物理形态、钙和磷的利用率和价格高低进行选择。

（3）含硫和含镁补充料　含硫的饲料很多，鱼粉、肉粉等蛋白质饲料含硫丰富，谷实类和糠麸类饲料含硫较多，常用补硫添加剂主要有硫酸钾、硫酸钠、硫酸钙和蛋氨酸等。

饲料中含镁较多，能满足猪的需要。常用的镁盐有硫酸镁、氧化镁、硫酸镁、碳酸镁等。

2. 微量矿物质补充料

猪常用的微量元素补充饲料为铜、铁、锌、锰、碘、硒、钴的化合物，此类补充料常作为添加剂加入配合饲料中。

（1）含铜补充料　硫酸铜、磷酸铜、氧化铜等均可作为含铜饲料。硫酸铜常用五水硫酸铜，为蓝色晶体，含铜 25.5%，易溶于水，利用率高，易潮解，长期贮存易结块。硫酸铜对眼和皮肤有刺激作用，使用时要做好人员防护。高剂量的铜虽有防痢和促生长的作用，但可促使脂肪氧化酸败，并可破坏维生素。

（2）含铁补充料　硫酸亚铁、碳酸亚铁、三氯化铁、氧化铁等均为含铁饲料，其中硫酸亚铁的生物学效价较好，氧化铁最差。含 7 个结晶水的硫酸亚铁为绿色结晶颗粒，含铁 20.1%，吸湿性强，易结块，使用前应脱水。该产品长时间暴露于空气中，会变为黄褐色，利用率低。

（3）含锌补充料　硫酸锌、碳酸锌、氧化锌等均可作为含锌补充料。硫酸锌利用率高。七水盐为无色结晶粉末，易溶于水，易潮解；一水盐为黄色或白色粉末，易溶于水，潮解性比七水盐差。锌可加速脂肪酸败，使用时应注意。饲用硫酸锌的细度要求通过 0.19mm 筛。

（4）含锰补充料　常用的有硫酸锰、碳酸锰、氧化锰等。硫酸锰以一水盐为主，为白色或粉红色粉末，易溶于水，中等潮解性，稳定性好，含锰 32.5%。在高温、高湿下贮放过久可结块，对眼、皮肤、呼吸道黏膜有损伤作用。饲用硫酸锰细度要求通过 0.19mm 筛。

（5）含碘补充料　常用的有碘化钾、碘化钠、碘酸钠、碘酸钾等，这几种碘化物不太稳定，易分解造成碘的损失。碘化钾为白色结晶粉末，长时间暴露在空气中因释放碘而呈黄色。在高温高湿环境下，部分碘会形成碘酸盐。碘化钾含碘量 76.5%。碘酸钙比较稳定，在水中溶解度较低，生物学效价与碘化钾接近，常被用作含碘补充料。

（6）含硒补充料　常用的有亚硒酸钠和硒酸钠。亚硒酸钠为白色结晶粉末，易溶于水，无水盐含硒45.7%。这两种补充料为有毒物质，操作人员要做好自身保护，严格控制用量，拌入饲料时一定要混合均匀。

（7）含钴补充料　常用的有硫酸钴、氯化钴、碳酸钴等，生物利用率均好。硫酸钴和氯化钴易吸湿结块，碳酸钴易贮藏。多用一水硫酸钴，呈血青色，含钴33%，细度应通过0.074mm筛。氯化钴含钴45.3%，鲜红色，水溶性高，应注意贮存。

（8）有机类微量元素　微量元素补充料已逐渐从无机盐向金属络化物或螯合物发展，即金属元素与蛋白质及其衍生物（如乳清、酪蛋白、氨基酸等）或其他配体（如柠檬酸、草酸、水杨酸、葡萄酸、乳酸等）或与多糖衍生物以及合成螯合剂（如二胺四乙酸）结合形成离子键与配位键共存的化合物。螯合物较无机盐稳定、流动性好，在动物体内pH环境下溶解性好，生物效价高于无机盐，能促进蛋白质、脂肪等营养物质的消化和利用。复合型的产品有铁血矿物精（美国产）、蛋白维素精（西安近代化学研究所产）；单一型的有蛋氨酸铁、蛋氨酸锌、蛋氨酸铜、酵母铬、酵母硒等。

有机类微量元素使用效果好，对猪的生长、繁殖、免疫力、抗应激能力、胴体品质都有良好的作用。

3. 天然矿物质饲料资源的利用

一些天然矿物质饲料，不仅含有常量元素，而且含有微量元素，由于这类矿物质结构的特殊性，所含元素大都具有可交换性或溶出性，易被动物吸收利用。在饲料中添加这类矿物质，可提高动物的生长性能、节约饲料、降低成本。

（1）沸石　是火山熔岩形成的一种碱和碱金属的含水铝硅酸盐矿物，主要成分是氧化铝，含有动物所需要的矿物元素，也含有铅、砷等有毒元素（在安全范围内）。天然沸石具有较高的分子孔隙度，有良好的吸附、离子交换及催化性能。据国内外众多学者的研究表明，沸石作为饲料添加剂，可促进猪的生长，促进蛋白质形成，改善肉质，减少肠道疾病，改善营养代谢，提高营养物质的消化吸收率，降低饲料消耗。

（2）膨润土　是以蒙脱石为主要成分的黏土，其特性是阳离子交换能力很强，具有非常明显的膨胀和吸附性能及较好的黏结性，含有动物所需的20多种常量和微量元素。由于具有很强的离子交换性，这些矿物质元素很容易被动物所利用。它可以作为饲料添加剂的成分，提高饲料的利用效率；可作为颗粒饲料的黏合剂；可代替粮食作为微量成分的载体，起承载和稀释作用；可作为饲料的组分，所含元素参与机体的新陈代谢。以上功能说明了膨润土在畜牧业中具有广泛的利用价值。

（3）麦饭石　主要成分为氧化硅和氧化铝，具有溶出和吸附两大性能，能溶出对动物有益的多种微量元素，能吸附有毒有害物质。对铅、汞、铬、砷和六价铬的吸附能力分别为99%、86%、90%、45%和36%，对水中的氯、空气中的氨和酚类及二氧化硫、硫化氢的吸附能力都在80%以上，可降低粪氨、尿氨50%以上。麦饭石中含有27中动物所需元素，其中微量元素16种，其是酶、激素、维生素的组成成分。

麦饭石可作为矿物质补充料，其主要的功能：所含的金属元素易溶于稀酸中，通过动物肠胃时，可释放出所含元素，被动物利用；所含镍、钛、钼、硒等微量元素，是动物体内酶的激活物质，可提高活性和对饲料营养物质的利用率；在消化道内，麦饭石可选择性地吸附细菌及N、H_2S和CO_2等有害气体以及有毒重金属，并将本身的钙、镁、钾等交换出来，以减少疾病和应激状态；麦饭石属黏土矿物，在消化道内可增加食物的黏滞性，延长食物在消化道的停留时间，使营养物质得以充分吸收利用；麦饭石可增加肠黏膜的厚度，使肠腺发达，肠绒毛数量增多且排列致密、规则，更有利于消化酶的分泌，促进营养物质的消化吸收；麦饭石可降低棉籽饼的毒性。据报道，用麦饭石饲喂母猪，可提高仔猪成活率、仔猪出生窝重和30日龄窝重。

（4）海泡石　是一种富含镁质的硅酸盐黏土矿物，它具有自由流动性、化学惰性、无毒性、吸附性和抗胶凝作用，含动物所需的常量和微量矿物元素；可使饲料缓慢通过肠道，提高蛋白质的消化率，提高动物对维生素和矿物质的吸收能力；可吸附排除肠胃中的毒素，提高动物的防病抗病能力，提高猪的增重；可作调制饲料的均匀剂和黏合剂。

（四）青绿多汁饲料

青绿多汁饲料指自然水分含量在60%以上的饲料，主要包括天然牧草、田间杂草、栽培牧草、菜叶类、根茎类、水生植物和嫩枝树叶等。

1. 青绿多汁饲料的营养特点

（1）水分含量高　青绿多汁饲料是水分含量高于60%以上的饲料，陆生的青绿多汁饲料水分含量均在75%～90%，水生的青绿多汁饲料含水量在90%以上。

（2）优质的蛋白质来源　青绿多汁饲料中含蛋白质较为丰富，豆科牧草为3.2%～4.4%，以干物质计算粗蛋白质含量为18%～24%。苜蓿干物质中含粗蛋白质22%左右。

（3）维生素含量丰富　青绿多汁饲料中含有各种维生素，尤其是胡萝卜素，每千克饲料中含有50～80mg。维生素B族含量（除B_6含量较低外）较高，如每千克青苜蓿中含硫胺素1.5mg、烟酸18mg、核黄素4.6mg。青绿饲料中维生素D缺乏。

（4）钙和磷的来源　青绿饲料中含矿物质为1.5%～2.5%，是猪良好的钙和磷的来源。

（5）纤维素含量低　优质青饲料中粗纤维含量低，木质素少，无氮浸出物多。在干物质中粗纤维叶菜类含量低于15%，牧草中低30%，无氮浸出物为40%～50%。猪对已木质化纤维素的消化率仅11%～23%，对未木质化纤维素的消化率高达78%～90%。

（6）适口性好，消化率高　幼嫩的青绿多汁饲料爽口、适口性好，消化率高。如在日粮中加入适量的青绿多汁饲料可提高整个日粮的利用率。部分青绿多汁饲料中含有雌激素、毒素，或在加工过程中产生毒素，使用时应注意。

2. 使用青绿多汁饲料应防止中毒

（1）防止亚硝酸盐中毒　在青饲料中（如蔬菜、甜菜、萝卜叶、芥菜叶、油菜叶等）都含有硝酸盐，硝酸盐无毒或毒性很低。青饲料堆放时间长，发霉腐败或在锅里加热、煮后焖在锅里或缸内过夜，在细菌的作用下，会使硝酸盐还原为亚硝酸盐，便具有毒性。青饲料在锅里煮熟焖在锅内24～48h，亚硝酸盐含量可达200～400mg/kg。

猪亚硝酸盐中毒发病很快，多在1天内死亡。发病症状为：表现不安，腹痛，呕吐、流涎、吐白沫，呼吸困难，心跳加快，全身震颤，行走摇晃，后肢麻痹，血液呈酱油色，体温无变化或偏低。可注射1%亚甲蓝溶液，每千克体重0.1～0.2ml或用甲苯胺蓝药物治疗，每千克体重5mg。

（2）防止氢氰酸（HCN）和氰化物［NaCN、KCN、$Ca(CN_2)$］中毒　氰化物是剧毒物质，在一些饲料中含量很低也会引起中毒。青饲料一般不含氢氰酸，但在马铃薯幼芽、木薯、三叶草、南瓜蔓中含有氰苷配糖体，含氰苷的饲料经堆放发酵或霜冻枯萎，在植物体中特殊酶的作用下，氰苷被水解形成氢氰酸。猪中毒的主要症状：腹痛或腹胀，呼吸加快或困难，呼出气体有苦杏仁味，行走和站立不稳，可见黏膜由红色变为白色或紫色，肌肉痉挛，牙关紧闭，瞳孔放大，四肢划动，卧地不起，呼吸麻痹而死亡。发现猪只中毒应立即解救可注射1%亚硝酸钠，每千克体重用量1ml，或用1%～2%亚甲蓝溶液，每千克体重1ml。

（3）防止农药中毒　刚喷过农药青饲料地，收获的青饲料不能用来饲喂动物，雨后或隔一个月后才能使用。

3. 常用的青绿多汁饲料

（1）紫苜蓿　属多年生豆科植物，一般可利用4～5年，苜蓿产量高、适应性广、适口性好、营养价值高，有“牧草之王”的美称。青刈紫苜蓿（开花期）含水分76.62%，粗蛋白5.38%，粗脂肪1.24%，粗纤维5.93%，无氮浸出物8.7%，粗灰分2.13%。苜蓿干草粉是猪维生素和矿物质的优良补充饲料。幼嫩苜蓿含有皂素，有抑制酶的作用，过量饲喂易引起消化道疾病。

（2）甘蓝　属十字花科芥属二年生草本植物，又名包心菜、卷心菜、大头菜、洋白菜，甘蓝外叶含水分89.15%，粗蛋白1.93%，粗脂肪0.23%，粗纤维1.40%，无氮浸出物5.13%，粗灰分2.16%。可切碎或打浆后喂猪。

（3）胡萝卜　属伞形科胡萝卜属二年生植物，又名丁香萝卜、红根、红萝卜。胡萝卜产量高、易栽培、易贮藏，具有很高的食用和饲用价值。胡萝卜含水分89.00%，粗蛋白2.00%，粗脂肪0.40%，粗纤维1.80%，无氮浸出物5.40%，粗灰分1.40%。每千克含水分11%的胡萝卜干物质中含胡萝卜素522mg，核黄素121mg，胆碱5 200mg。每千克干物质中含铁121mg，铜7.1mg，锰40mg，锌33mg。

（4）马铃薯　属茄科茄属多年生草本植物，又名洋山芋、洋芋、土豆、山药蛋。它是非谷物类的重要粮食作物，是畜牧业的高能量饲料，营养丰富，消化率高，产量高。马铃薯茎块含水分79.5%，粗蛋白2.3%，粗脂肪0.1%，粗纤维0.9%，无氮浸出物15.9%，粗灰分1.3%。用鲜马铃薯喂猪消化率低，熟喂效果好。因在茎叶中含有少量茄素（有毒物质），对口感有一定影响。马铃薯保存过程中见光变绿时，其茄素量剧增，使用前要做一定的处理。

（5）南瓜　属葫芦科南瓜属一年生草本植物，又名倭瓜。鲜南瓜含水分90.7%，粗蛋白1.2%，粗脂肪0.60%，粗纤维1.1%，无氮浸出物5.8%，粗灰分0.6%。可打浆或切碎后拌入干饲料喂猪。

（6）甘薯　属旋花科甘薯属蔓生草本植物，又名红薯、地瓜、番薯、红苕。甘薯的种植面积和产量仅次于水稻、小麦和玉米，是重要的粮食作物。甘薯藤叶青绿多汁、适口性好，是优质的青饲料。甘薯藤含水分87.0%，粗蛋白2.5%，粗脂肪0.6%，粗纤维2.0%，无氮浸出物6.6%，粗灰分1.3%。甘薯是很好的多汁饲料，富含淀粉，含水分75%、粗蛋白1.0%、粗脂肪0.3%、粗纤维0.9%、无氮浸出物22.0%、粗灰分0.8%。

（7）水生青绿饲料　该类饲料生长快、产量高、营养好，易放养，省工。在干物质中蛋白质、无氮浸出物、矿物质含量高，适口性好，易消化。利用该类饲料生喂时，猪容易感染寄生虫。应在喂前进行净化，注意给猪驱虫。

（五）饲料添加剂

饲料添加剂是指配合饲料中添加的少量或微量添加物，其作用主要是补充营养物质，提高饲料利用率，改善饲料品质，保障动物健康，提高生产性能。饲料添加剂通常分为营养性添加剂和非营养性添加剂。

1. 营养性添加剂

包括维生素、微量元素和工业合成的氨基酸等。这类添加剂主要用于平衡日粮中的营养成分。

（1）维生素添加剂　一般分为脂溶性和水溶性维生素两大类，常用的维生素有 14 种。

脂溶性维生素常用的有 4 种，即维生素 A（视黄醇）、维生素 D（骨化醇）、维生素 E（生育酚）、维生素 K（抗出血因子）。此外，还有维生素 A 原（胡萝卜素）。

水溶性维生素常用的有 10 种，即维生素 B_1（硫胺素）、维生素 B_2（核黄素）维生素 B_3（泛酸）、维生素 B_4（胆碱）、维生素 B_5（烟酸、烟酰胺）、维生素 B_6（吡哆醇）、维生素 B_{12}（氰钴胺素）、维生素 B_{11}（叶酸）、维生素 H（生物素）和维生素 C（抗坏血酸）。前 9 种维生素合称 B 族维生素。在猪的饲粮中添加维生素时，为使用方便，通常采用维生素预混料即复合多维。4 种脂溶性维生素均需添加，水溶性维生素通常添加维生素 B_2、维生素 B_6、泛酸、烟酸、生物素和维生素 B_{12} 等。大豆产品中含有丰富的胆碱，多数谷实类和豆粕中含有丰富的 B_1，猪肠道中微生物可以合成叶酸，故在猪的饲料中不必进行添加。

维生素添加量通常是根据猪对维生素的需要量来确定，把饲料中所含的维生素作为基本量。饲料中的维生素因受多种因素的影响，含量变化很大。维生素易受温度、湿度、贮存时间的影响发生变化。猪将饲料中的胡萝卜前体物转化为维生素 A 的效率很低，添加维生素时应考虑互相间的影响，如维生素 A 添加过多，会影响维生素 D 的作用。过多添加维生素 A 和维生素 D，可能引起猪中毒。

维生素的添加量应根据猪的生理特点、性能、原料条件和特殊需要进行确定。

（2）微量元素添加剂　在猪饲粮中添加的微量元素主要有铁、铜、锌、锰、碘和硒。对猪体健康、促进生长和繁殖有重要作用。

微量元素添加剂的原料为微量元素的无机化合物和有机化合物两类。无机化合物包括硫酸盐、碳酸盐、氧化物、氯化物等，有机化合物包括有机酸盐类和氨基酸盐类。微量元素有机化合物具有很多特点，如氨基酸微量元素螯合物，与微量无机盐相比，可显著提高微量元素的消化吸收率，增强动物的免疫功能，具有抗应激作用，可提高饲养效果。

猪饲粮中缺乏微量元素会引起各种缺乏症，添加过量时会引起中毒。通常按猪的饲养标准添加。用微量元素添加时要考虑所用饲料原料中微量元素的含量，饲料种类和饲料地区分布都会影响饲料中微量元素的含量，还应考虑微量元素之间的颉颃作用。

（3）氨基酸添加剂　主要由谷物、糠麸、饼类为主构成猪饲粮时，易缺乏某些必需氨基酸。饲料中所含必需氨基酸数量很少，不能满足猪的营养需要，故称为限制性氨基酸，其中赖氨酸、蛋氨酸、色氨酸依其缺乏的程度，被称为第一、第二、第三限制性基酸。

氨基酸添加剂的主要作用是补充日粮天然饲料中的必需氨基酸，尤其是限制性氨基酸，使日粮中必需氨基酸达到平衡，充分发挥猪的生产潜力。在日粮添加一定量的必需氨 基酸（特别是限制性氨基酸）并保持合成非必需氨基酸氮源足够的前提下，可降低日粮中的粗蛋白水平，以减少粪尿中氮的排出量，减少环境污染。

①赖氨酸。赖氨酸是合成脑神经、生殖细胞等细胞核蛋白及血红蛋白的必要成分，在猪日粮中添加赖氨酸可改善饲料利用率，提高生产性能，改善肉质，提高瘦肉率。饲料中添加的为 L-赖氨酸盐酸盐，外观为白色或浅褐色结晶粉末，无味或稍带特殊气味，易溶于水。

②蛋氨酸。蛋氨酸是必需氨基酸中唯一含有硫的氨基酸，它参与体内甲基的转移和肾上腺素、胆碱、肌酸的合成，肝脏内磷脂的代谢，可合成胱氨酸。动物缺乏蛋氨酸时，表现为发育不良，体重减轻，肝、肾机能受到破坏，肌肉萎缩和毛质变劣。

③色氨酸。色氨酸参与血浆蛋白质的更新，可促进核黄素发挥作用，有助于烟酸、血红素的合成。动物缺乏色氨酸时，表现为生长停滞、体重下降、脂肪积累降低，公猪睾丸萎缩等。

④苏氨酸。常用 L-苏氨酸，外观为无色或黄色结晶，稍有气味，易溶于水，不溶于乙醇、乙醚、二氯化钾。动物缺乏时表现为体重下降。

2. 非营养性添加剂

该类添加剂是为保证或改善饲料品质，促进动物生产，提高饲料利用率和保障动物健康而加入饲料中的少量或微量物质。根据所起作用分为：抗生素、酶制剂、生长激素、益生素、酸化剂、驱虫保健剂、调味剂、抗氧化剂、防霉防腐剂。前六种统称为促生长剂。

（1）抗生素　饲用抗生素是指抑制或破坏不利畜禽健康的微生物或寄生虫生命活动的可饲有机物质。在猪饲料中加入适量的抗生素可获得明显的效果，有刺激猪的生长、提高增重速度、改善饲料利用效率、防止疾病和保障健康等作用。

①抗生素的直接作用。抗生素有削弱小肠、盲肠等消化器官微生物的作用；抗生素对某些致病菌有明显抑制或杀灭作用；可增强猪的抗病能力，有预防和治疗细菌性传染病的作用；使用抗生素后猪的肠壁变薄，有利于营养物的渗透和吸收，可提高饲料利用率；抗生素有增进食欲、增加采食量，刺激猪脑下垂体分泌激素，促进机体生长发育和提高增重速度的作用。

②抗生素的药理作用。抗生素对动物肠道内的病原微生物一般以抑制和杀菌两种形式表现其药理活性。可破坏病原微生物细胞膜中的物质合成体系，表现杀菌作用，青霉素类、杆菌肽等的作用属于此类；可破坏病原微生物体内的蛋白质合成体系，表现抑菌或杀菌作用，大环内酯类、四环素类、氯霉素类、氨基糖苷类等的作用属此

类，前三者的作用方式表现为抑菌，后者的作用方式表现为杀菌；可破坏病原微生物体内叶酸的合成体系，表现为抑菌，磺胺类合成抗菌药的作用属此类；可破坏病原微生物体内 RNA 合成酶体系，表现为抑菌作用，吡啶类合成抗菌药的作用属此类。

各种不同的抗生素或合成抗菌药物，对病原微生物抑制或杀灭的范围各不相同，这就是抗生素或合成抗菌药物的抗菌谱。各种抗生素或合成抗菌药物的抗菌谱是人们有目的地选择抗生素类饲料添加剂的主要依据之一。

③严格按照规定使用抗生素。由于抗生素大剂量使用后会引起在畜产品中的残留问题，它的致突变、致畸形、致癌作用的再评估问题，长期使用后病原微生物的耐药性等问题，这些问题已引起全社会极大的关注和重视。国家对抗生素的使用对象、使用品种、使用剂量、使用期限和畜产品中的残留量等均有严格规定。

④选择使用抗生素添加剂的注意事项。使用抗生素时，要选择国家规定允许在饲料中添加的抗生素；不可滥用抗生素，凡一种抗生素能控制病情的就不用两种，凡用窄谱抗生素有效的就不用广谱抗生素；要严格执行抗生素的停药期规定；所选用的抗生素应该抗病原活性强，毒性低，安全范围大，无致突变、致畸变、致癌变等副作用。

（2）酶制剂　酶旧称酵素，是生物体内各种物质化学变化的催化剂，也是生物体自身所产生的一种活性物质，动物体内各种化学变化几乎都在酶的催化作用下进行。

通过各种特殊微生物的发酵而获得的生物化学产品为酶制剂，酶制剂的主要作用是通过外源消化酶的作用，提高饲料的消化和吸收利用率，促进动物生长，降低饲料的浪费。常用作添加剂的酶类有蛋白酶、淀粉酶、纤维素分解酶、脂肪酶、糖类分解酶（包括β-葡萄糖酶，戊聚糖酶、乳糖酶等）、植酸酶等。商品酶制剂一般由微生物发酵产生，具有高效益、安全、无毒副作用、无残留等优点，使用愈来愈广泛。

酶是动物机体内各种生化反应的必需因素，它能促进饲料中营养物质的消化分解，使动物机体得以吸收利用。在猪日粮中加入酶制剂，如消化酶可以加速营养物质在肠道中的降解，促进营养物质的消化吸收。特别是早期断奶的仔猪，在开食日粮中加入酶制剂，不仅增加体内酶的数量，有利于机体的生理生化过程；还可增进食欲，促进生长发育。

可以用作饲料添加剂的酶类很多，但有些酶类的生产成本很高，且一些酶类本身在动物消化道中的稳定性和活性还有待深入研究。用作饲料添加物广泛应用的主要是消化酶，如蛋白分解酶、淀粉分解酶、纤维分解酶、胰脂肪酶、胰蛋白酶等。

酵母是由酵母菌培养制得的菌体和酵母培养基组成的混合物，从形态上可将酵母分为干酵母和液态酵母。干酵母通常为黄褐色粉末，有特殊的香味，是一种营养成分十分丰富的物质，营养价值很高。饲料添加剂用的酵母包括药用酵母、食用酵母以及多种饲料酵母。药用酵母一般含粗蛋白 45%～55%，无机盐（包括钙、磷、镁、钾等）7.5%～9.0%，还含有十多种维生素，含维生素 B_1 107～151μg/g、维生素 B_2 28～30μg/g、烟酸 400～440μg/g。尤为重要的是酵母中含有多种酶、未知生长因子和抗生素物质。

酵母菌体蛋白的营养价值为植物性饲料所不及，其赖氨酸的含量高于大豆，色氨酸含量比大豆高 7 倍以上。酵母蛋白中赖氨酸与色氨酸的含量与动植物蛋白的比较见表 2－3。

表 2－3　酵母与动植物蛋白中赖氨酸和色氨酸的比较

类别	每 100g 蛋白质中氨基酸含量	
	赖氨酸（g）	色氨酸（g）
牛肉	10.0	1.30
鸡蛋	7.88	1.71
牛乳	7.10	1.12
玉米	2.30	0.48
小麦	2.50	0.83
大豆	7.16	0.12
干酵母	7.28	0.94

（3）益生素　益生素又叫生菌剂。它是可取代或平衡微生态系统中一种或多种菌系作用的微生物添加剂。其作用机理是通过对肠道菌群的调控，促进有益菌的生长繁殖，抑制有害菌的生长繁殖，这种无残留、无抗药性、不污染环境的益生素具有广阔的应用前景。由于抗生素存在药物残留和“三致”等问题，益生素作为抗生素的替代物已引起人们的极大重视。

益生素使用的菌种主要有：乳酸菌、双歧杆菌、酵母菌、链球菌、某些芽孢杆菌、无毒的肠道杆菌和肠球菌等。这类添加剂可改善胃肠道内微生物群落，竞争性排斥病原微生物，维持胃肠道内环境的平衡。益生素活菌体中还含有多种酶、丰富的蛋白质和维生素，可取得改善饲料转化率、增强机体免疫力、预防疾病、加快生长的效果。尤其在仔猪出生、断奶、转群、气温突变等应激状态下，使用益生素效果更为显著。

（4）生长激素　生长激素是动物脑下垂体前叶嗜酸性细胞产生的多肽类激素。它直接作用于动物机体，可促进蛋白质的合成和脂肪的分解，对糖代谢、水代谢、调节肾功能、增加细胞对氨基酸的通透性都有作用，进而促进肌肉、骨骼和组织器官的生长。很多学者的研究表明，猪用外源生长激素可提高生长速度15%～30%，改善饲料转化率5%～40%，提高胴体瘦肉率4%～19%，降低背膘厚度，提高肌肉蛋白和水分含量等。生长激素对人和动物的安全性虽存在一些争论，但随着研究的不断深入，其安全性将会阐明。

（5）酸化剂　酸化剂包括无机酸添加剂和有机酸添加剂。无机酸添加剂包括盐酸、硫酸、磷酸等。有机酸添加剂包括甲酸、乙酸、丙酸等。早在20世纪60年代，就有人提出酸化剂用于断奶仔猪可以帮助克服断奶应激。有人发现用磷酸、盐酸能提高幼猪的生产性能。国内外许多试验表明，在断奶仔猪日粮中添加有机酸，如柠檬酸、延胡索酸、甲酸、甲酸钙、乳酸等可提高早期断奶仔猪的生产性能。

其作用机理：可使胃中pH下降，促进无活性的胃蛋白酶原转化为有活性的胃蛋白酶；胃肠道pH降低，有利于抑制有害细菌的生长繁殖，促进有益菌增殖；胃内 pH 降低，对胃排空速度起调节作用，可使胃内容物的停留时间延长，促进营养物质的消化吸收，提高能量和氨基酸的利用率，减少肠道后段氨和有毒多胺类物质的产生；作为酸化剂的不少有机酸盐，本身就是螯合物添加剂，具有营养作用；有机酸可增进矿物质的吸收；有机酸具有调味剂的作用，对仔猪有良好的诱食性，可改善日粮的适口性。

众多学者的研究表明，添加酸化剂可提高猪的增重和降低饲料消耗，提高采食量和消化率，具有良好的保健作用，可促进矿物质元素的吸收，具有抗应激和抗氧化的作用。

酸化饲料的使用要根据实际情况而定，酸化饲料受饲料类型、酸化剂种类和浓度、仔猪日龄等因素的影响。饲料种类不同与酸结合的能力不同，高蛋白饲料与酸结合的能力强，谷类饲料结合能力弱（表 2－4）。由于仔猪胃内酸度随日龄增长而增加，酸化饲料的饲喂效果，随日龄和体重的增加而降低。据报道，酸化剂添加到以植物蛋白为主的日粮中比富含动物蛋白为主的日粮中效果明显。

表 2－4　常用饲料与酸结合能力

饲料种类	酸结合力（mg 当量/kg）
玉米	160～200
大麦	200～300
大豆	950～1 200
脱脂乳粉	1 200～1 500
鱼粉	1 500～1900
碳酸二氢钙	6 500～7 500

（6）驱虫保健剂　驱虫保健剂是预防和控制动物体内外寄生虫（如蛔虫、线虫、蛲虫等）的药物。常用的驱虫保健剂分为三类，第一类是驱虫性抗生素类，第二类为外用保健剂，第三类是抗球虫剂。

驱虫药物一般毒性较大，只能在发病时短时间治疗剂量使用，有些驱虫剂长期使用会有副作用。猪用驱虫保健剂效果较好的是氨基糖苷类抗生素的越霉素A和潮霉素B。

越霉素A。是动物专用抗生素，驱虫效果好，对动物无副作用、无残留，属于安全性高的抗生素。它不仅对革兰氏阴性菌和真菌有抑制作用，而且对动物体内寄生虫有驱虫效果，对猪蛔虫、鞭虫、类圆线虫、肠结节虫均有效。越霉A能使寄生虫的体壁、生殖器管壁变薄和脆弱，使虫体运动活性减弱而排出体外。它还能阻碍雌虫子宫内卵膜的形成，截断寄生虫的生命循环周期。

潮霉素B。是动物专用的抗生素，可与其他抗生素同时使用，除具有抑菌作用外，还可有效杀灭蛔虫、结节虫和鞭虫。潮霉素B的作用主要是破坏寄生虫的生命周期。

（7）饲料保存剂　由于影响饲料品质的因素有很多，如：空气中的氧和过氧化物不断对饲料进行氧化作用，尤其是饲料中的维生素（如维生素A、维生素D、β-胡萝卜素等）最易遭受破坏，饲料中的不饱和脂肪酸和部分氨基酸及肽类对氧化作用也很敏感，易被氧化而酸败；温度过高使饲料中的维生素遭受破坏、活性降低，蛋白质和氨基酸变性；湿度过大，则易使谷物饲料发芽或霉烂变质；光照引起的光化学作用，加强了大气对饲料的氧化，加速了饲料品质的劣化，使植物褪色，日光直射可导致氨基酸分解和某些维生素活性丧失；饲料中存在的各种微生物在温度和湿度（水分含量）适宜的情况下开始大量繁殖，既消耗饲料中的营养成分，又释放出有毒物质，使饲料品质劣化，有些有毒物质不仅危及畜禽的健康和生命，同时通过食物链危害人的健康；饲料本身含有多种消化酶，这些酶在温度和湿度适宜的条件下，可被激活而作用于饲料中的相应物质，使其分解并破坏其组织和细胞，使饲料原有成分改变，同时消耗养分；昆虫和鼠类能破坏和消耗大量饲料，并造成饲料的污染。因此，为了保证饲料的质量，防止饲料品质下降，要在饲料中添加各种保存剂，如抗氧化剂、防霉防腐剂等。

1）抗氧化剂　凡能阻止或延迟饲料氧化、提高饲料稳定性和延长贮存期的物质统称为抗氧化剂。氧化是导致饲料品质变劣的重要因素之一，抗氧化剂依存在方式分为天然抗氧化剂和人工合成抗氧化剂。

①人工合成的抗氧化剂。常用的有二丁基羟基甲苯（BHT）、乙氧基喹啉（乙氧喹或 EMQ）、丁基羟基茴香醚（BHA）。BHT 为白色结晶或粉末，饲料中的添加量为 60～120mg/kg。EMQ 为黄褐色黏稠液体，不溶于水，能保护维生素 A 和维生素 D、鱼肝油、肉粉、鱼粉、骨粉等饲料中易氧化的成分，防止变质。鱼粉、骨肉粉中添加 120～150mg/kg，可防止脂肪氧化、酸败。饲料中添加油脂时 EMQ 添加量为 100～150mg/kg。BHA 为白色或微黄色蜡样结晶性粉末，带有刺激性气味，不溶于水，多用作油脂抗氧化剂；它还有较强的抗菌作用，用 250mg/kg 的 BHA 可抑制黄曲霉的产生，用 200mg/kg 可抑制饲料中青霉、黑曲霉孢子的生长。

②天然抗氧化剂。如维生素 E 有较强的抗氧化作用，即使在饲料中添加了 BHT 或 BHA，也不能削减维生素 E 的添加量。此外，抗坏血酸、类胡萝卜素、类黄酮、卵磷脂、胆胺、二氧化硫、香精等都有抗氧化作用，天然物中草药多含有抗氧化成分。

2）防霉防腐剂　饲料防霉防腐剂是一种抑制霉菌繁殖、消灭真菌、防止饲料发霉变质的有机化合物。谷实、糠麸、饼粕类等饲料在水分含量过高或在高温条件下贮存，很容易因微生物繁殖产生霉变，霉变的饲料不仅适口性变差，而且霉菌分泌的毒素会引起动物中毒甚至死亡。饲料中加入防霉剂可防止饲料霉变，常用的防霉剂有丙酸、丙酸钙、丙酸钠等。

丙酸为无色液体，能与水、醇、醚和三氯甲烷相混溶，0.04mol/L 的浓度即可抑制霉菌。丙酸钠和丙酸钙均为白色结晶颗粒或粉末，易溶于水，添加量因 pH 不同而异。pH 为 5.5 时，抑霉浓度为 0.012 5%～1.25%；pH 为 6.0 时，抑菌浓度为 1.6%～6.0%。由于丙酸及其盐类本身毒性很低，从未发现过中毒现象，是应用最广泛的防霉剂。

（8）饲用调味剂　饲用调味剂是指添加到饲料中用于增进动物食

欲、提高饲料采食量的微量物质。应用效果好的调味剂必须同时具有芳香物质和甜味。芳香物质产生嗅觉刺激，引诱动物增加采食量；而甜味产生味觉刺激，使唾液及其他消化液分泌增强，胃肠蠕动加快，提高饲料消化利用率。常用的饲料调味剂有甜味剂和饲用香料等。糖精钠是常用的甜味剂，为白色结晶，甜度为蔗糖的300～500倍，多用于仔猪诱食的饲料。常用的香料有可可酊、醇类、醛类、挥发性脂肪酸类和酯类等。

（9）中草药添加剂　中草药添加剂是我国人民在中医中药理论指导下经长期实践的产物。我国中草药资源非常丰富，中草药添加剂没有化学药剂的抗药性、耐药性和药害残留，可广泛应用于各种动物，提高动物的生产性能，改进产品质量，对防病、治病效果显著。按中草药饲料添加剂的主要作用分为以下几类：

①增重催肥剂。指理气消食、助脾健胃的天然中草药添加剂，如山楂、钩吻、石菖蒲、神曲、陈皮、山楂等。

②抗微生物剂。指具有抑制或杀灭病原微生物、增进机体健康的天然中草药饲料添加剂，如金银花、连翘、蒲公英、大蒜、败酱草等。

③免疫增强剂。指以提高机体非特异性免疫功能为主的增强免疫力和抗病力的天然中草药饲料添加剂，如刺五加、商陆、菜豆、甜瓜蒂、水牛角等。

④驱虫剂。如使君子、南瓜子、石榴皮、青蒿、槟榔、贯众等。

⑤催乳剂。如王不留行、四叶参、通草、马鞭草、鸡血藤等。

⑥激素作用剂。中草药本身不是激素，但有些中草药可以起到激素类似的作用，如何首乌、肉桂、石蒜、甘草等。

四、饲料中主要营养物质及其功能

猪所需要的营养物质来源于饲料，饲料中的营养物质按性质和功用，划分为蛋白质、碳水化合物、脂肪、矿物质、维生素和水分六类（图2-1）。

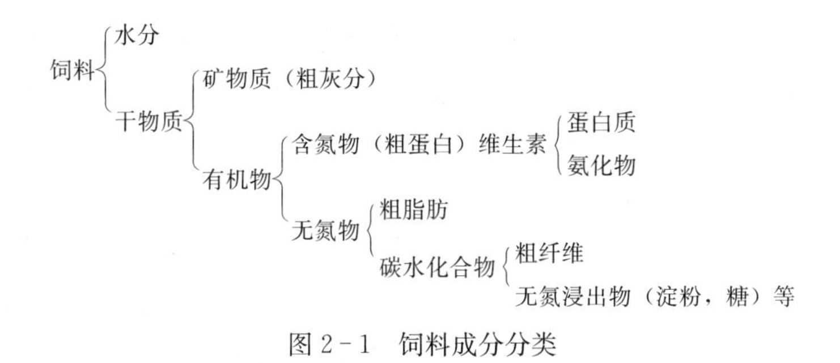

图 2-1 饲料成分分类

（一）水分

水是畜禽维持生命活动和生产产品必不可少的营养物质。成年猪体的50%、仔猪80%左右由水分组成。水分具有重要的营养功能。动物绝食可以消耗几乎全部的体脂肪和半数的蛋白质，如丢失40%体重时仍可维持生命。但脱水10%，动物就会出现生理失常，肌肉活动失调；脱水20%时可以致死。可见，水对动物的生命活动和生产具有重要的作用。

1. 水在机体中的功能

水是体内的主要溶剂。体内各种营养物质的代谢都离不开水，各种营养物质溶于水后才能被体组织吸收，代谢过程中产生的废物，通过水排出体外。

水可保持畜体的形状。体内的水与蛋白质结合形成稳定性高的胶体，使组织细胞具有一定的形态、硬度和弹性。

水能调节体温。水的蒸发量高，热传导性好，可将机体内代谢累积的热能迅速转运和蒸发散热，并通过血液循环调节体温。水的比热大，可贮存热能，避免体温突变，防止蛋白质凝固。

水是体内的滑润剂。唾液中含有大量水分，可使饲料易于吞咽；体内的关节囊、体腔内和各器官间的组织液都含有水分，以减少关节和器官间的摩擦力，起润滑作用。

水具有特殊生理作用。脑液对神经系统起缓冲作用，在耳朵里水具有传声的作用，在眼睛里水能湿润眼球起润滑作用。

水是机体内化学反应的媒介。机体内一切化学反应均在有水的情况下才能进行，猪体内含有的全部水分分为细胞外水分和细胞内水分，血浆、间隙的体液和淋巴液属于细胞外水分。成年家畜体内约有70%属于细胞内水分，其余为细胞外水分。

2. 猪体水分的来源

猪机体中的水分来源于饮水、所食饲料中的水和代谢水。饮用水和饲料中的水属于外源水，从小肠壁吸收后进入血液和淋巴的细胞外体液，并参与体内的各代谢过程。饮水量的多少，与猪的年龄、日粮结构、环境温度有关，饲料中的水因其性质而不同，青绿多汁饲料含水分75%～85%，籽实饲料含水分10%～15%，配合饲料含水分10%左右。

代谢水是指碳水化合物、蛋白质和脂肪在氧化和合成过程中所产生的水，代谢水形成有限，仅能满足猪需水量的5%～10%。

机体内水的排出有肺呼吸、皮肤蒸发、肠道排粪、肾脏泌尿，泌乳母猪泌乳。

猪要保持体内水分的平衡，需要对多种影响因素进行协调。

3. 水的品质和供给

不同年龄的猪体内的水是相对稳定的，猪每天必须摄入足量的水以维持体内水的平衡。猪的需水量受多种因素的影响，如环境温度、日粮类型、饲养水平、水的质量和猪的大小等。关于猪的饮用水需水量只能是一个参考值（表2-5）。

表2-5 猪在不同阶段水的估计消耗量

猪的不同阶段	日耗水量（L）	猪的不同阶段	日耗水量（L）
哺乳仔猪	满足补饲量	肥育猪（35～100kg）	3.8～7.5
断奶仔猪（5～10kg）	1.3～2.5	公猪、母猪	13～17
生长猪（10～35kg）	2.5～3.8	泌乳母猪	18～23

资料来源于刘海良主译（1998年）《养猪生产》。

水的品质是影响猪饮水量、饲料消耗、健康和生产的重要因素。影响水的品质的因素通常来自两个方面：①各种微生物包括细菌（以沙门氏菌、钩端螺旋体为主）、病毒、致病性原虫和肠道蠕虫的虫卵或包囊对水的污染；②来自水中的溶解性盐类，如碳酸氢盐、氯化物或硫酸盐等，当水中硫酸盐含量大于 7 000mg/L 时，可导致猪的腹泻和生产性能下降。畜禽饮用水一定要达到生活饮用水的质量标准。

（二）能量

能量是猪进行生命活动和生产活动的动力源泉。猪心脏、肺、肌肉等的活动需要能量，衰老细胞的更新、现存体组织的再循环需要能量，新组织的合成、妊娠、泌乳等过程也需要能量，能量还会贮存于沉积和分泌的产品中。在寒冷的环境中，猪要维持体温恒定更离不开能量。可以说，猪的生存、生长和繁殖都需要能量。能量不足，就会影响到猪的生长和繁殖；没有能量，猪就无法生存。若能量摄取过多，也会产生不良后果，如生长育肥猪因胴体中脂肪含量过多而降低胴体品质；繁殖母猪过度肥胖可引起不孕或胚胎发育不良；公猪过度肥胖可导致性欲降低、射精量减少、精液品质下降，影响配种繁殖成绩。因此，在生产中应把握好猪的能量供给。

1. 饲料能量在猪体内的转化

饲料能量在猪体内的转化过程如图 2－2 所示。

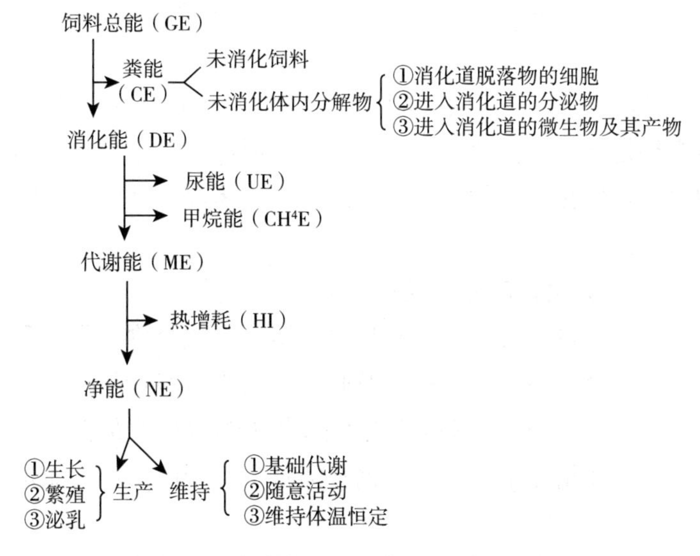

图 2－2　饲料能量在猪体内的转化过程图

2. 能量的衡量单位与分类

饲料能量的计量单位为焦耳（J）、千焦耳（kJ）、兆焦耳（MJ）。能量也曾用卡（Cal）、千卡（kcal）、兆卡（MCal）表示，至今仍有沿用。其换算系数为：

1焦耳（J）=0.239卡（Cal）　1卡（Cal）=4.18焦耳（J）

能量一般分为总能（GE）、消化能（DE）、代谢能（ME）和净能（NE）。

（1）总能（GE）　总能是某一物质在测热器中完全燃烧后释放热量的总值。饲料中总能取决于所含碳水化合物、脂肪、蛋白质等有机物的含量。

（2）消化能（DE）　饲料消化能是指饲粮中总能（GE）减去排泄的粪能（FE）后的能值。猪饲料能量水平和猪的能量需要一般用消化能表示。

（3）代谢能（ME）　代谢能是指饲料中的消化能（DE）减去由尿排泄损失的能（UE）和由消化道产生气体损失的能之后的能值。在猪消化道内产生的气体能量很少，而且不容易测定，一般计算猪饲粮中ME时，可根据DE值进行换算，以ME为DE的94%～97%计算。

（4）净能（NE）　代谢能减去体增热（HI）所得能值即为净能。体增热是养分在消化和代谢过程中所释放的热量。体增热不能用于动物生产，但在寒冷的环境下可用于维持体温。因此，净能可分为维持净能（NE_m）和生产净能（NE_p）。

3. 饲料中提供能量的主要有机物

饲料中的能量主要由三种有机物，即碳水化合物、脂肪和蛋白质提供。碳水化合物中的葡萄糖以及脂肪中的脂肪酸在新陈代谢中最适于提供能量，而蛋白质分解为氨基酸提供能量的效率最低。因为在蛋白质分解产生能量之前，首先要消耗能量，以蛋白质作为能量饲料是不合算的。

饲料中的脂肪在能量营养中非常重要，它比其他营养成分含有更多的能值，为同等重量碳水化合物的2.25倍。

（三）蛋白质

蛋白质是构成猪生命有机体的结构物质，细胞、组织以至于器官要维持正常的形态、结构和功能，都离不开蛋白质。如果机体所需能量物质不足，机体可以通过利用蛋白质分解所释放出的能量。饲料中蛋白质供应不足，会严重影响猪的生长、育肥及正常的生命活动。

1. 猪对蛋白质的消化吸收

蛋白质是由氨基酸组成的，饲料中的蛋白质是指粗蛋白质，其含量可以通过含氮量乘以 6.25 求得。粗蛋白质包括两种类型的含氮物质，一种是真正的蛋白质，可以分解成氨基酸，称为真蛋白质；另一种是不属于氨基酸的含氮化合物，称为非蛋白质含氮物，如尿素、硝酸盐类等。猪很少利用饲料中的非蛋白质含氮物。

猪采食日粮中的蛋白质进入胃以后，在胃蛋白酶和盐酸的作用下，将部分蛋白质降解为肽和少量的氨基酸；这些降解物连同未消化降解的蛋白质，在消化道蠕动下进入小肠，在胰蛋酶和小肠液的作用下，进一步分解为游离氨基酸和少量短肽。短肽和氨基酸的吸收部位在小肠，主要是在十二指肠。被小肠吸收的氨基酸进入血液，运送到肝脏和肾脏，随后被送到身体各个部分。在大肠中有些蛋白质可降解成吲哚、粪臭素、硫化氢、氨和氨基酸等，大肠中的微生物可利用氨和未被吸收的氨基酸合成菌体蛋白，但不能为猪体所利用。从猪对蛋白质的消化吸收看，其实质是以氨基酸的形式为机体吸收，吸收后的氨基酸又构成新的机体蛋白。因此，蛋白质营养实际上就是氨基酸营养。

2. 必需氨基酸和非必需氨基酸

蛋白质由氨基酸组成，氨基酸是构成蛋白质的基本单位，氨基酸是一种含有氨基（$—NH_2$）的有机酸。构成机体蛋白的氨基酸有 20 多种，但并非所有的氨基酸都需要从饲料中获取。猪本身能合成一些氨基酸，这些氨基酸就不必在饲料中添加，这样的氨基酸称为非必需氨基酸。一些氨基酸不能在猪体内合成或合成数量很少，必须由饲料提供，才能满足猪只正常生长和繁殖的需要，称为必需氨基酸。

猪的必需氨基酸包括赖氨酸、色氨酸、蛋氨酸、缬氨酸、组氨酸、苯丙氨酸、亮氨酸、异亮氨酸、苏氨酸和精氨酸。

3. 必需氨基酸的平衡

在必需氨基酸中可分为两类，一类在饲料中含量较多，比较容易满足动物的营养需要；另一类在饲料中含量较少，不能满足动物的营养需要，会限制其他氨基酸的利用，称为限制性氨基酸。在考虑猪的氨基酸营养时，一定要考虑氨基酸的平衡供应问题。按照必需氨基酸的平衡理论，将日粮中最缺乏的必需氨基酸称为第一限制性氨基酸，其次为第二限制性氨基酸、第三限制性氨基酸。在饲料配合中，通过氨基酸化学评分法来确定饲料中必需氨基酸是否平衡。限制性氨基酸在日粮配制时需要考虑添加。具体方法是将饲料中某种必需氨基酸含量与猪只对该种必需氨基酸的需要量做比较，比值最小的为第一限制性氨基酸，依次类推。具体方法见表2-6。

表2-6 仔猪用玉米—豆饼（粕）型日粮的氨基酸化学评分

必需氨基酸	需要量（%）	日粮含量（%）	氨基酸化学评分
精氨酸	0.02	0.77	385
组氨酸	0.18	0.30	165
异亮氨酸	0.50	0.58	116
亮氨酸	0.60	1.31	218
赖氨酸	0.70	0.50	71
蛋氨酸+胱氨酸	0.45	0.48	106
苯丙氨酸+酪氨酸	0.70	1.24	177
苏氨酸	0.45	0.51	113
色氨酸	0.12	0.10	83
缬氨酸	0.50	0.59	118

资料来源于吴晋强等（1992）《动物营养学》。

从表2-6可以看出，在该日粮中赖氨酸是第一限制性氨基酸，色氨酸是第二限制性氨基酸，其他氨基酸都不缺乏。

由于猪体用于维持、蛋白质沉积、乳合成和体组织的必需氨基酸比例是不同的，并且各种饲料中必需氨基酸的含量也不同，所以限制性氨基酸也是相对的。通常以玉米、高粱、大麦、小麦等谷实类饲料和花生饼、芝麻饼、葵花饼等饼类饲料蛋白质中，赖氨酸是第一限制性氨基酸，而鱼粉蛋白中的第一限制性氨基酸是色氨酸，大豆蛋白中的第一限制性氨基酸是蛋氨酸。

必需氨基酸的平衡在猪蛋白质营养中是很重要的，为了平衡日粮中的必需氨基酸，需要加入合成的氨基酸。

4. 蛋白质的生物学功能

蛋白质在动物机体生命活动中具有特殊的作用，其主要生物学功能有以下几种。

（1）动物机体的结构物质　动物体各种组织器官如肌肉、皮肤、内脏、血液、神经、骨骼等，均由蛋白质作为结构物质。蛋白质是动物进行正常代谢和生命活动的各种酶、激素、抗体、核酸、血红蛋白等的基本成分。动物体除水分外，干物质中蛋白质占50%左右。

动物妊娠、生长、泌乳等生理生化过程，均是以蛋白质作为物质基础的，如动物体内蛋白质分解得不到补偿，会引起贫血、消瘦、水肿和代谢紊乱等疾病。

（2）更新体组织的必需物质　动物体在新陈代谢过程中，组织细胞通过蛋白质的不断分解与合成而更新，这种自我更新的过程，正是生命最基本的特征。肌肉蛋白3个月可更新50%左右，体内的各种酶、激素等则是不断被消耗，又不断生成。组织蛋白在更新过程中分解生成的氨基酸，并不能全部用于再合成蛋白质，其中一小部分氨基酸分解为尿素、尿酸及其他产物排出体外。

（3）动物体内的功能物质　动物体内很多功能物质，如催化和调节代谢过程的酶和激素、提高抗病能力的免疫抗体、承担氧运输的载体等，都是以蛋白质为主体构成的。动物体内酸碱平衡的维持、水分正常分布、遗传信息的传递、许多重要物质的转运等，都与蛋白质有关。

（4）可作为能源物质　动物在新陈代谢过程中，蛋白质可以氧化产生部分能量，当动物进食的饲料含蛋白数量过多时，亦可将其氧化释放出能量，构成动物机体能量的补充来源。蛋白质除经分解直接供能外，还可以经脱氨作用将无氮部分转化为体脂肪。

（四）脂肪

饲料中的脂肪，通常是用乙醚浸出法测定的，浸出物中除脂肪外，还包括能溶于乙醚的各种色素、类脂、固醇和蜡质等，所以称为粗脂肪。畜体脂肪和植物脂肪的不同之处主要是，畜体脂肪中的饱和脂肪酸多、熔点高、硬度大、能值高，植物脂肪中不饱和脂肪酸多、熔点低、能值低。

各种饲料和畜体含有的脂肪，根据结构不同分为真脂肪和类脂肪两类。真脂肪是由脂肪酸和甘油结合而成，类脂肪是由脂肪酸、甘油及其他含氮物质组成，类脂中重要的成分之一是固醇。

1. 脂肪在畜体内的消化代谢

饲料中的脂肪进入动物机体，在胃脂肪酶的作用下，开始少量地消化。脂肪主要是在小肠经胆汁和胰脂肪酶的作用下，分解为甘油和脂肪酸。在脂肪组织中再合成脂肪，和由碳水化合物或蛋白质转化合成的脂肪一起，运到全身各组织中利用，或贮存于脂肪组织中（皮下、腹腔等）。当机体需要时，贮存的脂肪又被利用。当合成大于分解时脂肪在体内沉积增加，分解大于合成时体内脂肪减少。

2. 脂肪的营养功能

脂肪是动物生长与修补组织的原料。脂肪是细胞的一种主要成分，类脂中的固醇、磷脂等广泛存在于机体的器官、组织中，是形成新组织及修补旧组织不可缺少的物质。

脂肪是动物的能量来源和贮存能量的最好形式。脂肪含能量为碳水化合物和蛋白质的 2.25 倍，贮于皮下、肠系膜、肾周围等处。脂肪是脂溶性维生素的溶剂，并靠其将维生素输送到体内各部位，脂肪也是畜体制造维生素和激素的原料。

脂肪为动物提供必需的脂肪酸。幼畜生长发育过程中，必须从饲料中获得三种不饱和脂肪酸（即亚麻油酸、次亚麻油酸和花生油酸），缺少了这三种脂肪酸，会引起代谢障碍、皮肤炎、尾坏疽、生长停滞、甚至死亡，对繁殖和泌乳也有一定影响。营养学称这三种不饱和脂肪酸为“必需脂肪酸”。

脂肪是畜产品的原料之一，瘦肉等畜产品中均含有一定数量的脂肪，这些脂肪是由饲粮中的脂肪转化而来。

3. 酸败油脂的有害作用

含油脂高的饲料长期在空气或微生物的作用下会产生有害物质，称为酸败。酸败油脂降低了饲料的营养价值，且对动物有害。因此，含脂肪较高的饲料，不宜久贮。

（五）碳水化合物

碳水化合物分为无氮浸出物和纤维素两部分，无氮浸出物又称为可溶性的碳水化合物，粗纤维是猪难消化并影响利用效率的一种物质。碳水化合物包括糖、淀粉、纤维素、半纤维素、木质素、果胶和黏多糖等。日粮中的碳水化合物主要以淀粉、纤维素、半纤维素形式存在，还有少量的葡萄糖或果糖。淀粉是禾谷类籽实和其他籽实及块茎的主要成分，猪采食淀粉后在唾液淀粉酶的作用下，将淀粉分解为葡萄糖；未消化部分进入小肠，在肠酶和胰酶的作用下，淀粉被分解为糊精和麦芽糖，再分解为葡萄糖由肠壁吸收，供作机体能源。在小肠中未被水解的淀粉进入盲肠和结肠时，被肠道中的微生物分解为挥发性脂肪酸和气体，前者被吸收，气体由肛门排出。

猪的胃和小肠都不分泌纤维素和半纤维素酶，部分纤维素和半纤维素的消化是靠盲肠和结肠中微生物的发酵来完成的。因此，猪对纤维素和半纤维素利用能力有限。在猪日粮中粗纤维含量过高，会影响消化道内食物的消化率。据报道，猪日粮中粗纤维含量每增加1%，蛋白质、碳水化合物、脂肪等营养物质的消化率降低1.29%～1.35%。但日粮中应保持一定量的粗纤维，既可刺激消化道黏膜，促进胃肠蠕动和粪便排泄，保障消化道正常的机能，又可填充胃肠道，使猪有一定的饱腹感。

碳水化合物在体内的主要作用是氧化供能，它是植物饲料中含量最多的一种营养物质，占干物质总重的75%左右。它的主要功能是提供能量，用于维持体温和血糖浓度、合成糖原和体脂肪等。家畜所需要的总能量中80%左右是由碳水化合物提供。

碳水化合物可在猪体内转化成结构性物质，黏多糖是保证多种生理功能实现的重要物质。如透明质酸具有高度黏性，对滑润关节、保护机体在受到一定程度的冲击时功能正常；硫酸软骨素在软骨中起结构支持作用；肝素有抗凝血作用，对正常的血液循环、营养物质的转运起重要作用。由唾液酸组成的糖蛋白具有黏性，对消化道具有润滑和保护作用，糖蛋白还可促进维生素 B_{12} 的吸收。

碳水化合物在猪体内转变成糖原和脂肪作为营养贮备。碳水化合物中难消化或非消化性低聚糖对猪体有免疫作用。

（六）矿物质

矿物质（矿物元素）是动物营养中一大类无机营养物质，约有40多种矿物元素参与动物体组成，在动物体内有重要的生理功能和代谢作用。日粮供给不足或缺乏会导致缺乏症和生化变化，当补给相应的元素后缺乏症即可消失，将这些矿物元素称为必需矿物质元素，包括钙、磷、钾、钠、氯、硫、镁和铜、铁、锌、锰、硒、钴等。按矿物质元素在体内含量不同分为常量元素和微量元素，体内含量大于或等于0.01%的元素为常量元素，体内含量小于0.01%的元素为微量元素。常量元素包括钙、磷、钾、钠、氯、镁、硫，微量元素包括铜、铁、锌、锰、硒、碘、钴。

矿物质在动物营养中具有重要作用：是构成动物体组织的重要原料；与蛋白质协同维持组织细胞的渗透压，以保持体液的正常移动和储留；维持体内酸碱平衡；机体内许多酶的激活剂或组分；钾、钠、钙、镁离子保持适宜比例，是维持细胞膜通透性及神经兴奋性的必要条件；动物体内某些物质发挥特殊生理作用，有赖于矿物质的存在，如铁是血红蛋白的组分，碘是甲状腺素的组分。

1. 常量元素

（1）钙和磷及其营养功能　钙和磷占动物体总灰分的70%以上，体内总钙量的99%和总磷量的80%～85%，主要以磷酸钙和氢氧化钙复合盐类的形式存在于骨骼和牙齿中，以维持骨骼和牙齿的正常硬度。其余钙、磷，大多存在于血液、淋巴、唾液及其他消化液中，其中约有一半的钙以离子形式分别以大致相等的比较恒定的浓度，存在于血浆和血清中，并保持两者的平衡，维持正常的生理活动，如维持细胞膜的通透性、神经传导、肌肉正常功能以及活化某些酶系统。磷大多数以有机磷酸酯的形式存在于细胞和血液中，其余以无机磷形式存在于血浆中，与钙磷代谢关系密切。磷可与蛋白质结合为细胞膜的组成成分，并参与体液缓冲系统和能量代谢过程。

钙、磷不足或过多对畜体都有不良影响。畜体在正常的代谢过程，血液里的钙、磷不断进入并以复合盐类（钙磷比例在 2∶1 左右）沉积于骨骼中，同时骨骼中钙磷在甲状旁腺等激素的作用与调节下，又被不断降解进入血液。这样血液与骨骼中的钙和磷处于动态的交换与平衡之中，一方面保证骨骼的生长和更新，另一方面维持着血浆中钙、磷浓度的正常恒定与机体的需要，即骨骼起着钙磷贮存库的作用。当畜体由饲料吸收的钙、磷量多于排出量，体内钙、磷呈正平衡时，血浆中的钙、磷浓度增高就向骨骼中沉积；反之，骨骼中的钙和磷就有所损耗。当畜体由饲料吸收的钙、磷量不能满足需要而形成负平衡时，就会发生钙、磷缺乏症。

常见的钙、磷缺乏症有幼畜佝偻病、成年家畜骨软化症或骨质疏松症、异嗜癖等。钙、磷供给过量也会产生不良影响，钙、磷供给过多会使脂肪消化率下降，在消化过程中钙、磷比例一般以（2～1.5）∶1 为宜，钙过多会影响磷的吸收，磷过多会影响钙的吸收。钙吸收过多会使体内磷、铁、锰、镁、碘等元素代谢紊乱。生长猪日粮供钙量超过需要量的 50%，就会产生不良影响。磷吸收过多可引起甲状旁腺机能亢进，使骨中的磷大量降解入血，易发生跛行或长骨骨折。

（2）钠、钾、氯及其营养功能　钠、钾、氯主要作为电解质，维持渗透压、调节酸碱平衡、控制水分代谢。钠、钾可维持肌肉神经的兴奋性，钾活化酶以及氯参与胃酸组成。这三种元素主要存在于体液和软组织中，钠主要存在于细胞外，钾存在于细胞内，氯在细胞内外都有。

猪日粮中缺钠、氯时，表现食欲减退，日增重和饲料利用率下降，还会造成异食癖，互相咬尾巴、舔圈墙、啃木块等；严重缺乏时发生肌肉颤抖、四肢运动失调、泌乳量下降等。缺钾的表现症状与缺食盐相似，一般饲料中含钾量可满足猪的需要，不需要在日粮中添加。血液中缺钠时，使心肌收缩与舒张减缓，畜体没有贮存钠的能力，需要通过饲料经常供给钠，如供给不足，会出现食欲不振，能量和蛋白质利用率降低，对家畜的生产和繁殖造成不良影响。氯离子是胃液中的主要阴离子，它与氢离子结合为盐酸，使胃蛋白酶活化，促进胃蛋白酶对食物蛋白质的消化，维持胃液呈酸性，具有杀菌作用。谷类籽实等植物性饲料组成的日粮中，这两种元素的含量不足，需要添加。食盐是良好的补充源，可以改善饲料的适口性，增强食欲，促进消化。日粮中食盐含量不足，会造成猪食欲减退、日增重和饲料利用率下降。猪一般不会发生食盐中毒，如添加过量而饮水有限时，可能导致中毒发生，中毒症状为神经过敏、虚弱、步履蹒跚、癫痫发作、瘫痪甚至死亡。

（3）镁及其营养功能　镁是构成畜体骨骼的成分，体内约有70%的镁存在于骨骼中。镁是许多酶系的辅助因子，可调节神经肌肉的兴奋性，保证神经肌肉的正常功能。猪对镁的需要量较低，饲料中含有丰富的镁。据报道，缺镁症状为应激过敏、肌肉痉挛、平衡失调、站立困难、抽搐、突然死亡。

2. 微量元素

（1）铁及其营养功能　铁是血红蛋白、肌红蛋白、细胞色素酶和多种氧化酶的组成成分。铁是猪的必需元素，每千克体重含铁60～70mg，其中60%～70%存在于血红蛋白中，2%～20%分布于肌红蛋白中，0.1%～0.4%分布在细胞色素中，约1%存在于载体化合物和酶系中。肝、脾、骨髓是贮铁的主要器官，铁在造血、氧的运输过程及细胞内生物氧化过程中有着重要的作用，铁蛋白、血铁黄素和转铁蛋白等是体内的主要贮铁库。铁参与体内物质代谢，是细胞色素氧化酶、过氧化物酶、过氧化氢酶、黄嘌呤氧化酶的组成成分，可催化各种生化反应。铁有生理防卫机能，有预防机体感染疾病的作用。

缺铁的主要表现是贫血，临床表现为生长缓慢、昏睡、可视黏膜变白、被毛粗糙、呼吸频率增加或膈肌发生痉挛、抗病力弱，严重时死亡。初生仔猪易患缺铁性贫血，主要由于初生仔猪每千克体重仅含30～50mg的铁，初生后生长率高，每天需供铁7～16mg；猪乳中铁的含量很低，每100g乳中约含铁0.2mg。3～5日龄的仔猪就应开始补铁。

（2）铜及其营养功能　铜在机体内平均含量2～3mg/kg，肝、心、肾、脑、眼的色素和被毛中含铜量高。铜离子是体内多种酶（铁氧化酶、单胺氧化酶、细胞色素酶）的成分和激活剂，直接参与体内代谢；铜参与维持铁的正常代谢，有利于血红蛋白合成的红细胞成熟；是骨细胞、胶质和弹性蛋白形成不可缺少的成分。

猪一般不会缺铜，猪缺铜可表现为贫血，与缺铁性贫血类似，但不能通过补铁消除。适当提高铜的补给可以促进猪的生长。当日粮中的含铜量大于250mg/kg时会引起中毒，过多的铜在肝脏沉积，造成血红蛋白水平降低和黄疸。

（3）锌及其营养功能　锌在猪体内含量约为30mg/kg，骨、肝、皮肤和被毛中含锌量高。锌是许多酶的组成成分，它在蛋白质、碳水化合物和脂肪代谢中起重要作用，能防止细胞受到氧化损害，在免疫机制中具有重要作用。锌还参与维持上皮细胞和被毛的正常形态、生长和健康以及维持激素的正常作用。

生长猪缺锌的典型症状是皮肤角化过度、干燥粗糙，形成污垢状痂块，皮肤溃破。猪缺锌生长缓慢，血清锌、碱性磷酸酶、白蛋白含量下降，初产母猪产仔数减少，公猪睾丸和仔猪胸腺发育受阻。

饲料中高钙低磷会加剧锌的缺乏，过量的锌会抑制机体对铜、铁的吸收，缺铁时易发生锌中毒。

（4）锰及其营养功能　猪体内含锰量为1～3mg/kg，骨中的锰占总量的25%，肌肉中含量最低。

锰为骨骼基质中硫酸软骨素的合成所必需，可促进结缔组织的合成。硫酸软骨素是骨有机质黏多糖的组成成分。锰还是性激素的前体——胆固醇合成的不可缺少的元素，在碳水化合物代谢中也起着一定的作用。

缺锰会使动物的骨骼和姿势异常。当猪缺锰时，骨骼异常的主要表现是跛行，后踝关节增大使后腿弯曲、缩短。生长猪缺锰时骨骼生长缓慢、骨骼脆弱、肌肉无力、脂肪增多、增重缓慢和饲料利用率下降；小母猪发情不正常，胚胎被吸收或所生仔猪个体小、虚弱、站立或行走困难。

（5）硒及其营养功能　硒存在于猪体的细胞和组织内，其含量一般低于1mg/kg，肝、肾中硒的含量高，骨骼、肌肉中含硒较少。硒是谷胱甘肽过氧化物酶的一种必需组成成分，其功能主要是以谷胱甘肽过氧化物酶的形式发挥抗氧化作用，防止细胞膜的质脂结构遭到氧化破坏，对细胞正常功能起保护作用。

维生素E也具有抗氧化作用，但与硒发挥作用的阶段有所不同，两者在抗氧化过程中起协同效应，共同完成保护细胞的作用。含硒的谷胱甘肽过氧化物酶的抗氧化能力要比维生素E高500倍，硒还参与辅酶A和辅酶Q的合成，还是与电子转移有关的细胞色素的组分，在机体内可促进蛋白质的合成。

猪的硒缺乏症常见症状有肝坏死、白肌、桑葚心、毛细血管变性、急性循环障碍、黄脂和水肿等，多发生于1～3月龄的仔猪，特别是发育快、膘情好的仔猪易发。缺硒的母猪发情不规律或不发情，受胎率低，胚胎早期被吸收或死亡。

（6）碘及其营养功能　猪体内大部分碘存在于甲状腺中，它是甲状腺的激素——甲状腺素和三碘甲腺原氨酸的固有成分。甲状腺素是调节机体新陈代谢速度、细胞分化和生长的重要物质，甲状腺素可促进蛋白质的合成、活化很多种酶、调节能量转换、加速体组织的生长发育。

生长猪缺碘导致甲状腺肿大，基础代谢下降，生长受阻，骨骼短小，生殖器官发育受阻。妊娠母猪缺碘会导致胎儿死亡和被吸收，或产出“无毛猪”，全身出现黏液性水肿，甲状腺肿大或出血。

（7）钴及其营养功能　猪体中的钴存在于所有的组织器官中，以肾、肝、脾和胰腺中含量为多。钴是维生素B_{12}的组成成分，主要通过维生素B_{12}发挥生理作用，参与造血过程。钴可能是某些酶（磷酸葡萄糖变位酶、精氨酸酶等）的激活剂。只要满足猪对维生素 B_{12} 的需要，就不会出现缺钴症状。喂给过量的钴可引起中毒，表现为厌食、腿僵直、弓背、运动失调、肌肉震颤、小红细胞贫血症。在猪饲粮中补加硒和维生素 E，对防止钴中毒有一定作用。

（七）维生素

维生素是维持机体健康和促进生长不可缺少的有机物质，动物对维生素的需要量很少，它既不是动物的能源物质，又不是结构物质，但却是动物代谢过程中的必须参与者，属于活化剂。维生素分为脂溶性和水溶性两大类，不是猪体内需要的所有维生素都必须由饲料供给，有些维生素可以由肠道微生物合成，有些维生素可以由猪体本身的某些器官合成，有些维生素必须由饲料供给。

1. 脂溶性维生素

（1）维生素 A（V_A） 维生素 A 对机体的物质代谢具有调节作用，其独特作用是维持正常的视觉和维持皮肤、腺体、消化道、呼吸道和生殖道黏膜上皮细胞的生长和结构，防止上皮细胞角化。

当机体缺乏维生素 A 时，猪出现暗适应能力下降甚至夜盲症，被毛粗乱、无光，食欲不振，呼吸道疾病，共济运动失调等；生长猪表现为生长发育不良；种猪表现为繁殖障碍，畸形仔猪或死胎增加，母猪生殖道有损而不孕。

维生素 A 只存在于动物体内，在苜蓿等优良牧草、胡萝卜、南瓜、黄玉米等植物性饲料中，只存在维生素 A 的前体——胡萝卜素（主要是β-胡萝卜素），β-胡萝卜素主要在肠黏膜转化为维生素 A 被吸收利用。维生素 A 和胡萝卜素暴露于空气或光线照射后会遭到破坏，因此，日粮中应添加稳定的合成维生素 A。维生素 A 具有毒性，添加量应在控制的范围内。猪维生素 A 的中毒症状为：被毛粗糙、鳞状皮肤、过度兴奋、对触摸敏感、蹄周围裂纹处出血、血尿、血粪、四肢失控或周期性震颤。

（2）维生素 D（V_D） 维生素 D 的生理功能与动物的钙、磷代谢有关，可增加肠对钙、磷的吸收，同时可调节肾脏对钙、磷的排泄；控制骨骼中钙、磷的贮存，改善骨骼储备中钙、磷的活动状态，使骨骼、牙齿正常发育。

在猪体内维生素 D 以两种活动形式存在，即麦角钙化醇（V_{D2}）和胆钙化醇（V_{D3}）。维生素 D2 是由存在于植物中的前体物经阳光紫外线的照射转化而来，猪皮肤内的维生素 D2 前体物，在阳光紫外线的照射下转化为维生素 D3 为猪体利用。在封闭式猪舍饲养的猪，更应重视对维生素 D 的补充。

日粮中维生素 D 缺乏会引起钙、磷吸收和代谢机制紊乱，导致骨骼钙化不全。幼猪表现为佝偻病、僵直、关节肿大、食欲不振，成年猪表现为骨软化，母猪易出现死胎。过高水平的维生素 D 可导致心、肺、肾、血管等软组织的钙化。

（3）维生素 E（V_E）　维生素 E 又称生育酚、抗不育素，在生物体内的活性形式是一组被称为生育酚的化合物。维生素 E 的重要作用是抗氧化性，在细胞代谢中会产生一种自由基，这种自由基如不被中和，就会损害细胞膜而导致细胞死亡，维生素 E 的作用就是中和这种自由基。微量元素硒是细胞中谷胱甘肽过氧化酶的结构物质，谷胱甘肽过氧化酶有防止自由基伤害细胞的作用，可见，维生素 E 和硒具有抗氧化作用的协同性，但不能互相替代。维生素 E 的另一重要作用就是维持种猪的正常繁殖性能，维生素 E 有促进性腺发育、提高受胎率、防止流产、调节性激素代谢等作用，在猪生产中还有降低劣质肉（PSE）发生的作用。

猪体内缺乏维生素 E 的症状与硒缺乏症相似，但添加硒并不能使症状缓解，必须在猪的日粮中添加具有抗分解作用的合成维生素 E。

（4）维生素 K（V_K）　维生素 K 的主要作用是抗凝血。维生素 K 缺乏时可导致凝血时间延长，造成出血过多。

维生素 K 的活性形式有多种，最重要的是维生素 K_1（叶绿醌）、维生素 K_2（甲萘醌类）和维生素 K_3（甲萘醌）三种。维生素 K_1、维生素 K_2 是天然产物，可溶于脂肪和脂溶剂中；维生素 K_3 是人工合成产物，可溶于脂肪。维生素 K_1 存在于植物中，维生素 K_2 可由肠道细菌合成。在封闭式猪舍养猪，在日粮中需添加合成的维生素 K。

2. 水溶性维生素

水溶性维生素主要包括维生素 B 族和维生素 C，只能溶于水，在猪机体代谢中特别重要。这类维生素很少或几乎不在体内贮存，因此，短时间内缺乏或不足都会影响到代谢活动，影响猪的生产性能和抗病力。

B 族维生素是体内细胞酶的组成成分，是碳水化合物、脂肪、蛋白质代谢过程的催化剂，B 族维生素是猪的极为重要的维生素。

（1）维生素 B_1（硫胺类、抗神经炎维生素）　维生素 B_1 为碳水化合物、蛋白质代谢所必需，缺乏时猪表现食欲减退、增重减少、体温下降、呕吐、心脏肥大而猝死。谷实类饲料中含有足量的维生素 B_1，在猪的日粮中不必添加。

（2）维生素 B_2（核黄素）　维生素 B_2 在猪体内对蛋白质、脂肪和碳水化合物代谢起重要作用，对母猪的繁殖起重要作用。维生素 B_2 缺乏时，可导致青年母猪不发情和生殖力衰竭，妊娠母猪死胎的比例显著增高。可使仔猪生长缓慢、白内障、步态僵硬、呕吐、脱毛。猪自身不能合成维生素 B_2，大部分饲料中含量偏少，在日粮中必须添加。

（3）维生素 B_3（泛酸）　维生素 B_3 又称抗皮炎因子，参与体内碳水化合物、脂肪、蛋白质的代谢。猪缺乏维生素 B_3 时，后腿不正常摇摆，象鹅走路，生长速度下降，食欲减退，下痢，皮肤干燥，被毛粗糙，免疫功能下降等。维生素 B_3 在饲料中广泛存在，其含量仅达需要量的下限，在日粮中应予添加。

（4）维生素 B_4（胆碱）　胆碱虽归于维生素之列，但严格地讲胆碱不是真正的维生素。胆碱以游离胆碱、乙酰胆碱以及更复杂的磷脂及其中间代谢产物的形式广泛分布于自然界。胆碱是磷脂的一部分，与脂肪代谢有密切的关系，有防治脂肪肝的作用；胆碱还与神经传导有关。据报道，猪可利用蛋氨酸合成所需的维生素 B_4，当日粮中维生素 B_4 不足时日粮中的蛋氨酸会用于维生素 B_4 的合成，这表明维生素 B_4 在节约蛋氨酸方面是有效的。

猪日粮中维生素 B_4 缺乏时，幼猪表现为体重下降、被毛粗糙、贫血、步态不稳、蹒跚；公猪表现为蹄裂、跛行；母猪表现为产仔数下降、泌乳下降，其所产仔猪发育不良、断奶体重小。

(5) 维生素 B_5（烟酸、尼克酸） 维生素 B_5 与碳水化合物、蛋白质、脂类代谢有关，也是保护皮肤和消化器官正常功能所不可缺少的。猪日粮中维生素 B_6 缺乏时，会发生坏死性肠炎或血痢，其症状类似于猪痢疾或鞭虫感染，表现为增重缓慢、厌食、呕吐、皮肤干燥、皮炎、被毛粗糙等。猪可以将饲料中的色氨酸转化为烟酸，但转化效率很低。因此，日粮中应添加足够的烟酸。

(6) 维生素 B_6（吡哆醇） 维生素 B_6 为吡啶衍生物，它以吡哆醇、吡哆醛和吡哆胺的形式存在于饲料中。在猪体内对蛋白质代谢起着重要作用，在中枢神经系统功能中起着关键作用，对碳水化合物和脂肪代谢、色氨酸的分解和各种矿物质无机盐的代谢有一定作用。

猪日粮中缺乏维生素 B_6 时，可导致食欲减退、生长缓慢，严重时出现眼周围褐色渗出液、抽搐、共济失调、昏迷等症状。玉米—豆饼型饲粮不必添加维生素 B_6。如饲粮中含有亚麻饼时应加维生素 B_6，因为亚麻饼中含有维生素 B_6 抑制因子。

(7) 维生素 B_7（生物素） 生物素是转化反应酶系中许多酶的辅酶，在碳水化合物、脂肪和蛋白质代谢中具有重要作用。猪除采食饲料中的生物素外，肠道微生物也可合成。因此，猪很少发生维生素 B_7 缺乏症。只有给猪服用了磺胺类药物，阻碍了肠道微生物的活动，或喂给维生素 B_7 含量很少的饲料，或日粮中含有脱水蛋清，或饲喂发霉的谷物饲料时，猪才会出现缺乏症，表现为脱毛、皮肤溃烂、眼周围有渗出液、口腔黏膜炎症、蹄横裂等。

(8) 维生素 B_{11}（叶酸） 维生素 B_{11} 与维生素 B_{12} 共同对氨基酸和核酸代谢起重要作用；对血细胞的形成有促进作用，可预防贫血或减轻贫血症的程度；还可促进肠道内微生物合成维生素 C。一般饲料中不需添加，如饲喂磺胺类药物时需要在日粮中添加。猪体内缺乏叶酸时，表现为贫血、增重缓慢或体重下降等。

(9) 维生素 B_{12}（钴胺素） 维生素 B_{12} 是唯一含有金属钴的维生

素，在维生素中它的需要量低但作用强。在自然界中仅有微生物可以合成维生素 B_{12}，植物性饲料中通常不含有维生素 B_{12}。

维生素 B_{12}是正常血细胞生成、促进生长和各种代谢过程所必需，维生素 B_{12}与叶酸协同参与核酸、蛋白质的生物合成，促进血红蛋白的合成，维持造血器官的正常运转，还能提高植物蛋白质的利用率，参与胆碱的合成。猪缺乏维生素 B_{12}时，表现为增重降低、食欲下降、皮肤和被毛粗糙、烦躁、过敏、共济运动失调等症状，母猪产仔数明显下降，幼猪死亡率上升等。植物性饲料中不含有维生素 B_{12}，猪可以通过肠道维生素合成而获得维生素 B_{12}。在缺钴地区或使用抗生素时必须在猪的日粮中添加。

（10）维生素 C（抗坏血酸）　维生素 C 可促进肠道对铁的吸收，具有解毒作用及减轻维生素 A、维生素 E、硫胺素、核黄素、泛酸、维生素 B_{12}等不足时产生的症状。此外，还有抗氧化作用，通过自身被氧化而保护其他化合物。通常情况下，猪体内合成的维生素 C 可满足自身的需要，只有饲养在易引起应激反应条件下的猪才考虑给予补充。

五、饲料中主要营养物质间的相互关系

猪的生存、生长发育和生产所需要的营养物质共同存在于自然饲料中，研究猪的营养需要，要了解单一营养物质的需要，还要了解各种饲料原料的特性，以及各种营养物质在营养代谢过程中对机体营养作用复杂的相互关系。饲粮的实用价值既取决于主要营养物质的含量，又取决于主要营养物质的比例是否适宜，因为营养物质间存在着相互作用和影响，这对饲粮中营养物质的消化吸收产生很大的影响。

（一）三类物质密切相关

饲料中的营养物质，就其在畜体内的作用，大致概括为三类：能源物质、组织物质和活性物质。能源物质，提供畜体生命活动和生产活动所需要的能量来源。组织物质，是构成机体器官和组织的物质基

础。活性物质可参与或促进机体的新陈代谢。

三者间相互联系并密切相关（图 2-3）。在猪的实际饲养中，不仅按照营养需要供给所需，还要协调好各种营养物质间的比例，并了解各种营养物质在猪体内消化和代谢过程中的相互关系。只有如此，才能配制全价平衡日粮，有效地利用饲料和获得最好的饲养效果。

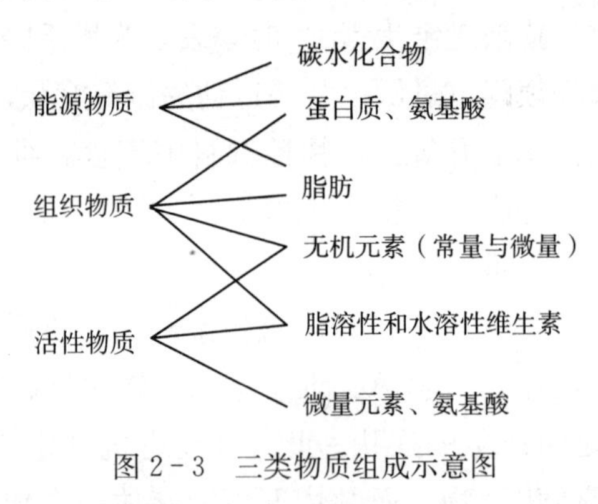

图 2-3　三类物质组成示意图

（二）主要有机营养物质间的相互关系

1. 能量与蛋白质等养分的比例

饲粮中的能量和蛋白质应保持适当的比例，比例不当，不仅影响营养物质的利用效率，甚至会发生营养障碍。猪在自由采食时的最大采食量是由饲粮中的代谢能决定的。当饲粮能量较低时，猪的采食量增加；当饲粮中能量较高时，猪的采食量减少。可见，饲粮中代谢能的变化会影响养分的摄入量。饲粮中的能量和蛋白质等其他养分水平应保持恰当的比例，饲喂高能量饲粮时，虽然食入的能量已能满足机体的需要，但会降低蛋白质等其他养分的绝对食用量而影响饲养效果。

2. 粗纤维与其他有机营养物质间的关系

饲粮中粗纤维的含量和其他有机营养物质的利用有一定关系。如生长猪饲粮中有机物质消化率和粗纤维水平间呈负相关，当粗纤维含量增加 1%时，蛋白质消化率降低 0.3%，有机物质消化率降低2%～8%。粗纤维水平提高，使猪对干物质的需要量增加，同时氮的需要量也相应增加。粗纤维在猪体内的消化主要是在盲肠和大肠中进行，这种消化是微生物发酵过程，纤维发酵产生的挥发性脂肪酸可作为猪的能量源，给猪提供5%～25%的能量需要。饲粮中含有适量的粗纤维，有填充、稀释其他养分，延缓蛋白质和淀粉等在消化道内的消化吸收，提高其在体内的利用效率的作用。饲粮中粗纤维含量过高时，则会影响饲料养分的消化率。

3. 氨基酸间的相互关系

组成蛋白质的氨基酸在机体营养过程中相互间存在协同和颉颃关系。例如，精氨酸、胱氨酸和鸟氨酸配合可以阻碍赖氨酸的吸收；赖氨酸、精氨酸和鸟氨酸配合又可阻碍胱氨酸的吸收，由于上述氨基酸的吸收过程同属一个转移系统，彼此相互竞争所致。

中性氨基酸的蛋氨酸能阻碍碱性氨基酸的赖氨酸吸收，而碱性氨基酸对中性氨基酸的吸收则无阻碍作用。

氨基酸间的颉颃以精氨酸和赖氨酸间的颉颃较为典型，过量的赖氨酸可提高肾脏精氨酸酶的活性和干扰肾小管对精氨酸的排出，从而引起猪对精氨酸需要量的增加。

动物体内的半胱氨酸可由蛋氨酸合成，半胱氨酸及其氧化产物胱氨酸可以满足总含硫氨基酸（蛋氨酸+胱氨酸）需要量的一半，从而减少对蛋氨酸的需要量。因此，饲粮中半胱氨酸的含量会影响猪对蛋氨酸的需要量。苯丙氨酸可以转化为酪氨酸，而减少对酪氨酸的需要量。

（三）主要有机营养物质和维生素、矿物质间的关系

1. 有机营养物质与维生素间的关系

（1）蛋白质和维生素A的相互关系　猪合理的蛋白质营养对维生素A的利用率有提高作用，饲粮中蛋白质供应不足，维生素A的利用率降低；蛋白质的生物学价值同样影响维生素A的利用与贮备，以籽实为主的基础饲粮中加入生物学价值高的动物蛋白质，可提高肝脏维生素A的贮备量；蛋白质合成需要足够的维生素A，据报道，患维生素A不足症的动物，在不同组织中蛋白质沉积减少。

①维生素D和蛋白质合成的关系。研究维生素D的作用机制时，发现猪肠黏膜的脱氧核糖核酸（DNA）分子中具有对维生素D_3代谢物的受体，由于这一代谢物在细胞核中起感应作用，可引起信使核糖核酸（mRAN）的生物学合成，促进转移钙的蛋白质形成。因此，从肠道转移钙到血液的蛋白质的合成，需相应维生素D的供应保证。

②核黄素和蛋白质代谢的相互关系。含核黄素的黄素酶经过不同环节催化氨基酸的转化，核黄素少量缺乏就会影响蛋白质的沉积；动物饲喂高蛋白饲粮时，核黄素的需要量比喂低蛋白饲粮时约增加1倍；不含蛋白质饲粮中的核黄素，家畜完全不能吸收；饲粮中赖氨酸不足，尿中核黄素排出量提高。

③吡哆醇和氨基酸代谢的关系。吡哆醇参与氨基酸代谢，吡哆醇不足会抑制各种氨基酸转移酶的活性，影响氨基酸合成蛋白质的效率；提高饲粮中蛋白质水平，需相应增加吡哆醇的供给量。

（2）维生素和碳水化合物与脂肪间的相互关系　维生素A影响碳水化合物代谢，维生素A不足使醋酸盐、乳酸盐和甘油合成糖原的速度下降；给猪饲喂高能量饲料，特别是易被消化的碳水化合物所占比例高时，硫胺素的需要量提高，即硫胺素的需要量随碳水化合物供给量的增加而提高；饲喂高脂肪饲粮要相应增加核黄素的供给量，但会导致对硫胺素的需要减少；饲粮中脂肪含量增加时，猪对胆碱的需要量也随之增加；维生素E和脂类代谢关系密切，家畜对维生素E的需要量与进入体内的不饱和脂肪酸和脂肪酸的量有关，维生素E能防止过氧化物的形成，并能破坏过氧化物，而氧化脂肪会影响维生素E的代谢；水溶性维生素中的胆碱不足会影响脂肪代谢，使脂肪大量在组织细胞内沉积，肝脏出现脂肪浸润。

2. 有机营养物质与矿物质间的关系

（1）有机营养物质与钙磷吸收的关系　高脂肪饲粮不利于钙、磷的吸收，高蛋白饲粮则能提高钙、磷的吸收；在各种氨基酸中，赖氨酸对钙、磷的吸收起主导作用，其余氨基酸所起的作用很小或不起作用；在饲粮中保证足够易消化碳水化合物的情况下，赖氨酸对钙、磷吸收的效率高，否则会降低赖氨酸的作用；碳水化合物中的乳糖、葡萄糖、半乳糖和果糖对钙的吸收均起有利的作用。

（2）氨基酸和微量元素间的关系　猪饲粮中含有大量精氨酸的大豆，由于精氨酸与锌有颉颃作用而提高对锌的需要量；喂给猪过量的铜会干扰具有自由巯基的含硫化合物如胱氨酸的利用率，高铜会增加猪对含硫氨基酸（蛋氨酸、胱氨酸）的需要量；饲粮中含硫氨基酸不足，猪对硒的需要量增加，提高含硫氨基酸在饲粮中的给量，能减轻因缺硒而引起的某些疾病症状；饲料蛋白全价性差，对铁的吸收不利。

（四）维生素和矿物质以及矿物质间的相互关系

1. 维生素和矿物质间的相互关系

（1）维生素E和硒的相互关系　维生素E和硒对机体的代谢及抗氧化能力有相似的作用，在一定条件下，维生素E可代替部分硒的作用，但硒不能代替维生素E的作用；饲粮中维生素E不足时易出现缺硒症状，有硒的存在维生素E才能在体组织内起作用；硒在肝脏以及其他器官组织内的含量与维生素E代谢有关；饲粮中添加硒时，肝脏、血液等器官组织中维生素E的含量增加。

（2）维生素D和钙、磷代谢的关系　维生素D的活性形式（-1,25二羟基胆钙化醇）能在肠壁内刺激结合并能转运钙的特殊蛋白质的合成，从而影响钙的吸收；维生素D能促使磷在肾小管的重吸收；在钙、磷不足或比例欠合理的情况下维生素D的作用最为显著。

（3）维生素C和铁、铜的关系　维生素C能促进肠道内铁的吸收，提高血铁含量；一般单纯补铁盐不如同时补铜盐和维生素C的效果好；饲粮中铜过量时，补饲维生素C能消除过量铜所造成的不良影响。

2. 维生素间的相互关系

维生素E能促进维生素A和维生素D的吸收以及维生素A在动物肝脏的贮存，并保护其免遭氧化；维生素E对胡萝卜素转化为维生素A有促进作用；硫胺素缺乏时影响机体对核黄素的正常利用，核黄素缺乏时硫胺素在机体组织中的含量下降；缺乏核黄素会使色氨酸的代谢受阻，进而影响烟酸的形成出现烟酸不足症；核黄素和烟酸同时缺乏时，如仅补充核黄素，不能使核黄素在血液及组织中的含量达正常标准；猪饲料中维生素 B_{12} 不足，对泛酸的需要量提高；泛酸不足，则加重维生素 B_{12} 缺乏症的症状；维生素 B_{12} 和叶酸有协同作用，能促使叶酸转变为活性形式；维生素 B_{12} 可促进胆碱的合成；吡哆醇不足可影响维生素 B_{12} 的吸收；当维生素 B_{12} 和叶酸供给充足时，动物对胆碱的需要量会减少；饲粮中胆碱和蛋氨酸的含量也会影响机体对维生素 B_{12} 的需要量；饲粮中脂肪含量增多时，机体对胆碱的需要增加。

3. 常量元素间的相互关系

饲粮中含有充足的维生素 D 和磷会促进钙的利用；饲粮中含有过多的镁和草酸，会对钙的利用产生不利影响；饲粮中蛋白质含量高，对钙和镁的吸收有明显促进作用；肠道中 pH 呈微酸性有利于钙的吸收，乳糖对肠道中耐酸细菌的定居有促进作用，所以它是饲粮中影响钙利用的重要因素；要使钙、磷得到充分利用，两者在饲粮中必须维持适当比例；钙多会影响锌、锰和其他营养物质的利用。

幼龄动物骨骼的钙化作用需要有充足的钙、磷和维生素 D。某些脂肪酸能使动物对维生素 D 的需要量减少；饲粮中钙磷比例平衡，可使维生素 D 的需要量减少；维生素 D 特别丰富，能使动物机体在临界含量的钙、磷或钙、磷比例倒置情况下进行钙化作用；饲粮中含有大量的铁、锰和其他矿物元素形成很难溶解的磷酸盐，是导致动物发生软骨病的原因之一；植物中的磷很多是以植酸盐的形式存在，故利用率很低，但在维生素 D 含量充足的情况下，能提高其利用率。

钙、锌之间存在颉颃作用，猪饲粮中钙过多会引起锌的不足，易使幼猪出现皮肤角化症；饲粮中钙过多对镁的吸收不利；高钙饲粮会抑制锰的吸收，饲粮中含锰过多会抑制钙的吸收。

4. 微量元素间的相互关系

铜和锌之间有明显的拮抗作用，如肝脏中铜的含量很高（如铜中毒），就会导致肝组织中的锌几乎全部被排出；铜和钼相互有抑制作用；砷制剂能抵消硒过多的毒性作用；动物在利用铁时必须有铜存在，有铜存在铁才能有效地预防贫血症；铜与红细胞数量、红细胞存活时间以及红细胞中铁与血红蛋白的含量有关；钼会影响铜的吸收。

高钙饲粮会使动物锰缺乏症的发病率提高；用植物性高钙饲粮往往导致动物缺锌症的发生，这是由于植物饲料中的植酸在起作用，它是一种螯合剂，在高钙的作用下与锌起螯合作用，使锌的利用率下降。

（五）抗营养因子对猪的作用

生产实践证明，用提纯的各种营养成分配制的饲粮与用天然饲料配制的相同水平饲粮比较，其饲养效果大不相同。这与天然饲料中存在着一些尚未查明、能引起某些缺乏症的物质有关。必须考虑饲料原料中可能存在的抗营养因子对营养成分的颉颃作用与引发的症状，对饲料中能影响机体营养平衡的物质进行处理，才能获得良好的饲养效果。

1. 抗代谢物

抗代谢物是指分子结构与机体中某正常代谢物相似，虽不具备相似的生化效应，但能以竞争方式抑制相应代谢物的正常功能的物质。如对氨基苯甲酸就是一个抗代谢物，它的分子结构与对氨基苯磺酰胺相似，能以竞争的方式抵消对氨基苯磺酰胺的抑菌作用。用硫胺素的抗代谢物——吡啶硫胺素养喂小鼠，可引起硫胺素缺乏时的症状，如在饲粮中增加硫胺类的给量，可预防症状的发生。香豆素的抗代谢物——双香豆素，草木樨中存在的微生物可将其中的香豆素转化为双香豆素，双香豆素可引起动物出血症，与维生素 K 缺乏的症状相似，在饲粮中增加维生素 K 可预防此病发生。

2. 有毒物质

有些饲料原料中含有对猪生长发育、繁殖有毒有害的物质，如菜籽饼中的植酸、硫化葡萄糖苷，棉籽饼中的棉酚，饲料中的黄曲霉素等。植酸具有很强的螯合金属的能力，与金属离子螯合成溶解度很低的络合物，不能被动物所利用。猪采食植酸含量很高的饲料时，对一些金属矿物元素、特别是锌元素的需要量增加。饲料中的棉酚可以使动物的生长速度和饲料利用率下降，棉酚能与饲料中赖氨酸的C-氨基、Fe^{2+}等结合，而降低棉酚的效率。当饲料中黄曲霉素的含量达到167～334μg/kg时，猪会发生食欲不振和体重下降的症状。饲喂高含量的硒（2.5mg/kg）能缓解黄曲霉素的毒性，饲喂硫胺素和叶酸也有保护作用。动物出现出血并伴有凝血时间延长时，服用维生素K效果很好。

（六）营养物质可消化性对猪的作用

配制能满足猪营养需要的日粮，既要考虑饲料中各种营养成分的含量，又要充分考虑饲料中各种营养成分的利用率。

猪对不同饲料的蛋白质利用率不同，对鱼粉和花生油饼粉蛋白质的利用率高（96%和94%），对大麦和玉米蛋白质的利用率较低（75%和66%）。评定维生素需要量时，应充分考虑影响维生素利用的因素，如脂溶性维生素，必须在日粮中含有足够量的脂肪作为溶剂，才能使脂溶性维生素充分被吸收利用。

各种矿物质饲料的来源不同、化学结构不同、利用率也不同。磷酸二钙、骨粉、植酸磷是三种不同来源的含磷矿物质饲料，猪对其中磷的利用率分别为100%（假定磷酸二钙的利用率为100%）、92%和16%。硫酸亚铁、氧化亚铁、氯化铁、硫酸铁和氧化铁，猪对其中铁的利用率分别为100%（假定硫酸亚铁的利用率为100%）、98%、44%、83%和4%。

六、配合饲料

配合饲料是根据饲养科学知识，以猪的生理及其对营养物质的需要为依据，将多种自然饲料粉碎加工，按规定的工艺程序和配合比例生产的具有营养性、安全性的商品饲料。

（一）配合饲料的种类

配合饲料依饲养对象分为乳猪料、幼猪料、肥猪料、妊娠母猪料、泌乳母猪料、空怀母猪料和公猪料。

配合饲料依形状分为粉料、颗粒、破碎料、压扁料、膨化料、液体料等。

配合饲料按饲料的营养成分分为添加剂预混料、浓缩饲料和全价配合料。

1. 添加剂预混料

是由一种或多种微量成分组成、加有载体或稀释剂的混合物。包括微量元素预混料、维生素预混料、复合预混料等。预混料是经过加工的产品，是全价配合饲料的重要组成部分，虽占全价配合饲料的0.25％～3.00％，但是提高饲料产品质量的核心部分。这种饲料不能直接饲用。

2. 浓缩饲料

是由蛋白质饲料、常量矿物质饲料、添加剂预混料等，按一定比例配制生产的均匀混合物，它是配制全价配合饲料的中间产品。这种饲料不能直接饲用，必须与一定比例的能量饲料混匀后才能使用，浓缩料占全价配合饲料的5％～50％。

3. 全价配合饲料

在浓缩饲料中加入能量饲料，按一定的加工工艺配制的均匀一致的、能满足猪营养需要的配合饲料。可直接饲用；无需添加其他任何饲料或添加剂。

猪的全价配合饲料可分为粉状饲料和颗粒饲料。添加剂预混料和浓缩料是半成品，不能直接饲用，全价配合饲料是最终产品。三者间的关系见图2-4。

（二）饲料配合原则

①以饲养标准中所规定的营养需要为依据，满足各类猪对能量、蛋白质、矿物质、维生素等的需要，在此基础上可根据饲养实践灵活应用。

②饲料种类应尽可能多一些，以保证营养物质的完善，提高饲料的利用率和饲养效益。

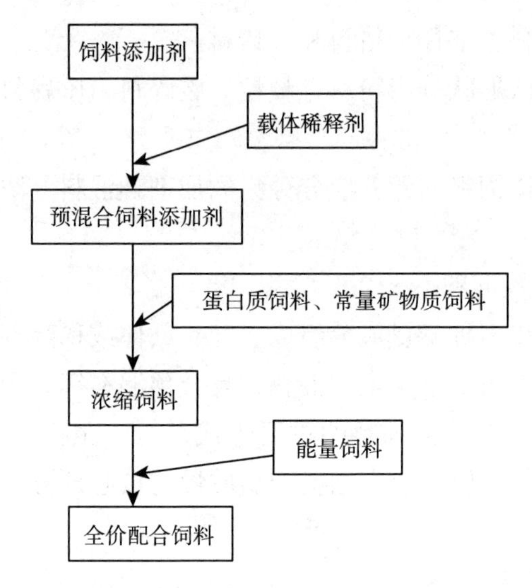

图 2-4　全价配合饲料生产程序

③原料的品质、适口性要好，发霉、变质、有毒的原料不能使用。

④尽量选用当地来源广、价格低、营养丰富的原料。

⑤选用符合猪生理特点的原料，粗纤维含量高的原料要控制数量，仔猪饲粮中粗纤维含量仔猪不超过 4%，生长育肥猪不超过 6%，种猪不超过 8%。

⑥原料和配比应相对稳定，改换原料或变动比例时宜逐渐变换。所配饲粮的体积要适宜。

⑦配制饲粮的营养水平要与猪的生产性能相匹配，如瘦肉率高、生长速度快的猪，饲粮中的赖氨酸水平要高或动物蛋白质所占比例要高。对带仔头数多、泌乳量高的母猪，饲粮中的营养浓度一定要高。还要考虑营养指标之间的关系，如必需氨基酸之间的平衡，矿物质与微量元素之间的协同、颉颃作用，动物蛋白质所占比例等。

（三）猪饲粮配合方法

猪饲粮的配合方法分为手工计算法和电子计算法。手工计算法常用的有试差平衡调整法、方块法和联立方程式法。

随着养猪业的发展，配合饲料工业发展很快，全国各地都已建立了饲料公司和配合饲料工厂，还建成一批鱼粉、赖氨酸、骨粉、血粉、羽毛粉、矿物质等添加剂和蛋白饲料厂等。

我国很多的中型和大型猪场多为本场自配饲料，或直接从大型饲料公司购入，故对猪饲料的配合方法不做具体叙述。

猪饲粮配制的依据是饲养标准，完整的饲养标准包括猪的营养需要量和常用饲料营养价值表两个部分。

（四）猪的饲料标准

1. 明确猪的营养需要

猪的饲养标准即猪的营养需要，是指不同类型和不同生理状态的猪，每日应获得养分的数量、日粮所具有的营养浓度。

猪的饲养标准是根据长时间生产实践积累的经验，结合物质代谢和饲养试验，科学地规定不同种类、性别、年龄、体重、生产目的和生产水平的猪每日每头应给予的能量、蛋白质等各种营养物质的数量。饲养标准是制作猪饲料配方的营养学基础和重要的依据。实行科学养猪离不开饲养标准，它是提高生产水平和饲养效益的重要手段。

猪的营养需要包括维持需要和生产需要，猪在不同的生长发育和生产阶段，需要的营养是不相同的。

猪的维持需要是指猪在特定的环境条件下，为了保持体温恒定，通过呼吸、循环、酶与内分泌系统的活动而氧化产热、替补体组织损耗和有限非生产活动所需的营养物质。通常指猪在特定的环境条件下，体重不增不减、保持恒定情况下所需要的营养为维持需要。

猪的生产需要是指猪采食饲料及其营养物质后，除用于维持生命所需要的营养物质以外，还需要满足生产所需要的营养物质。种猪的生产包括配种、妊娠、分娩、泌乳等阶段，生长育肥猪包括仔猪断奶后生长发育各个阶段。

2. 各类猪的饲养标准

饲养标准规定了不同生理状态和发育阶段的猪在一定生产水平下，能量和营养物质的供给量。每类猪都规定了两项标准：一是日粮标准，规定每头猪每日要喂给多少风干饲料，其中包括能量、蛋白质、矿物质、维生素等营养物质的数量；二是饲粮标准，规定每千克饲粮中所含能量、蛋白质、矿物质、维生素等的数量。

现将 NRC（1998）第十版猪营养需要量介绍如下：

NRC（1998）猪营养需要量表涉及生长育肥猪、妊娠母猪和泌乳母猪以及种公猪日粮中每天对能量、氨基酸、维生素、矿物质和亚油酸的需要量。其中氨基酸的需要量以回肠真可消化氨基酸、回肠表观可消化氨基酸和总氨基酸三种形式表述，前两者适用于所有类型的日粮，后者仅适用于玉米－豆粕型日粮。表中所列各种类型猪对氨基酸的需要量仅是一个例子。读者可以根据自己的实际情况（猪的瘦肉生长速度、采食量、日粮能量浓度、环境温度和饲养密度等），用各种模型（生长、妊娠、泌乳）确定适合当地条件的需要量。矿物质和维生素的需要量包括饲料原料中的含量，而不是指需要额外添加的量。它们是在一般的条件下、中等生产性能猪的最适量，用模型进行推算所得结果可能会与表中所列情况略有出入。

表中所给的数值均是在适宜情况下的最低需要量，不包括安全系数。实际生产中应结合饲料原料中养分的变异、养分的生物学效价、饲料毒素和抗营养因子、饲料配制和加工、储存中的养分损失等情况确定养分的供给量（表 2－7 至表 2－17）。

表 2－7　生长猪日粮氨基酸需要量（自由采食、日粮含 90%干物质）[a]

指标	单位	体重（kg）					
		3～5	5～10	10～20	20～50	50～80	80～120
平均体重	kg	4	7.5	15	35	65	100
消化能	kcal/kg	3 400	3 400	3 400	3 400	3 400	3 400
代谢能[b]	kcal/kg	3 265	3 265	3 265	3 265	3 265	3 265
消化能进食量	kcal/day	855	1 690	3 400	6 305	8 760	10 450
代谢能进食量	kcal/day	820	1 620	3 265	6 050	8 410	10 030
采食量	g/d	250	500	1 000	1 855	2 575	3 075
粗蛋白[c]	（%）	26.0	23.7	20.9	18.0	15.5	13.2

（续）

指标	单位	体重（kg）					
		3～5	5～10	10～20	20～50	50～80	80～120
回肠末端真可消化氨基酸需要量[d]							
精氨酸	(%)	0.54	0.49	0.42	0.33	0.24	0.16
组氨酸	(%)	0.43	0.38	0.32	0.26	0.21	0.16
异亮氨酸	(%)	0.73	0.65	0.55	0.45	0.37	0.29
亮氨酸	(%)	1.35	1.20	1.02	0.83	0.67	0.51
赖氨酸	(%)	1.34	1.19	1.01	0.83	0.66	0.52
蛋氨酸	(%)	0.36	0.32	0.27	0.22	0.18	0.14
蛋氨酸＋胱氨酸	(%)	0.76	0.68	0.58	0.47	0.39	0.31
苯丙氨酸	(%)	0.80	0.71	0.61	0.49	0.40	0.31
苯丙氨酸＋酪氨酸	(%)	1.26	1.12	0.95	0.78	0.63	0.49
苏氨酸	(%)	0.84	0.74	0.63	0.52	0.43	0.34
色氨酸	(%)	0.24	0.22	0.18	0.15	0.12	0.10
缬氨酸	(%)	0.91	0.81	0.69	0.56	0.45	0.35
回肠末端表观可消化氨基酸需要量							
精氨酸	(%)	0.51	0.46	0.39	0.31	0.22	0.14
组氨酸	(%)	0.40	0.36	0.31	0.25	0.20	0.16
异亮氨酸	(%)	0.69	0.61	0.52	0.42	0.34	0.26
亮氨酸	(%)	1.29	1.15	0.98	0.80	0.64	0.50
赖氨酸	(%)	1.26	1.11	0.94	0.77	0.61	0.47
蛋氨酸	(%)	0.34	0.30	0.26	0.21	0.17	0.13
蛋氨酸＋胱氨酸	(%)	0.71	0.63	0.53	0.44	0.36	0.29
苯丙氨酸	(%)	0.75	0.66	0.56	0.46	0.37	0.28
苯丙氨酸＋酪氨酸	(%)	1.18	1.05	0.89	0.72	0.58	0.45
苏氨酸	(%)	0.75	0.66	0.56	0.46	0.37	0.30
色氨酸	(%)	0.22	0.19	0.16	0.13	0.10	0.08
缬氨酸	(%)	0.84	0.74	0.63	0.51	0.41	0.32

（续）

指标	单位	体重（kg）					
		3～5	5～10	10～20	20～50	50～80	80～120
总氨基酸需要量[e]							
精氨酸	（%）	0.59	0.54	0.46	0.37	0.27	0.19
组氨酸	（%）	0.48	0.43	0.36	0.30	0.24	0.19
异亮氨酸	（%）	0.83	0.73	0.63	0.51	0.42	0.33
亮氨酸	（%）	1.50	1.32	1.12	0.90	0.71	0.54
赖氨酸	（%）	1.50	1.35	1.15	0.95	0.75	0.60
蛋氨酸	（%）	0.40	0.35	0.30	0.25	0.20	0.16
蛋氨酸＋胱氨酸	（%）	0.86	0.76	0.65	0.54	0.44	0.35
苯丙氨酸	（%）	0.90	0.80	0.68	0.55	0.44	0.34
苯丙氨酸＋酪氨酸	（%）	1.41	1.25	1.06	0.87	0.70	0.55
苏氨酸	（%）	0.98	0.86	0.74	0.61	0.51	0.41
色氨酸	（%）	0.27	0.24	0.21	0.17	0.14	0.11
缬氨酸	（%）	1.04	0.92	0.79	0.64	0.52	0.4

注：a. 公母按 1∶1 混养，从 20～120kg 体重，每天沉积无脂瘦肉 325g；

b. 消化能转化为代谢能的效率为 96%，在本表中所列玉米—豆粕型日粮的粗蛋白条件下，消化能转化为代谢能的效率为 94%～96%；

c. 本表中所列粗蛋白含量适用于玉米一豆粕型日粮，对于采食含血浆或奶产品的 3～10kg 仔猪，粗蛋白水平可以降低 2%～3%；

d. 总氨基酸的需要量基于以下日粮：3～5kg 仔猪，玉米—豆粕型日粮，含 5%的血浆制品和 25%～50%的奶制品；5～10kg 仔猪，玉米－豆粕型日粮，含 5%～25%的奶制品；10～120kg 生长猪，玉米—豆粕型日粮；

e3～20kg 体重猪的总赖氨酸需要量是根据经验数据计算出来的，其他氨基酸是根据它们和赖氨酸的比例（真可消化基础）计算出来的，也有极个别数据是通过经验数据估算出来的；20～120kg 体重猪的氨基酸需要量是通过生长模型计算出来的。

表 2－8　生长猪每天氨基酸需要量（自由采食、日粮含 90%干物质）[a]

指标	单 位	体重（kg）					
		3～5	5～10	10～20	20～50	50～80	80～120
平均体重	kg	4	7.5	15	35	65	100
消化能	kcal/kg	3 400	3 400	3 400	3 400	3 400	3 400
代谢能[b]	kcal/kg	3 265	3 265	3 265	3 265	3 265	3 265
消化能进食量	kcal/day	855	1 690	3 400	6 305	8 760	10 450

（续）

指标	单 位	体重（kg）					
		3～5	5～10	10～20	20～50	50～80	80～120
代谢能进食量	kcal/day	820	1 620	3 265	6 050	8 410	10 030
采食量	g/d	250	500	1 000	1 855	2 575	3 075
粗蛋白[c]	（%）	26.0	23.7	20.9	18.0	15.5	13.2
回肠末端真可消化氨基酸需要量[d]							
精氨酸	g/d	1.4	2.4	4.2	6.1	6.2	4.8
组氨酸	g/d	1.1	1.9	3.2	4.9	5.5	5.1
异亮氨酸	g/d	1.8	3.2	5.5	8.4	9.4	8.8
亮氨酸	g/d	3.4	6.0	10.3	15.5	7.2	15.8
赖氨酸	g/d	3.4	5.9	10.1	15.3	17.1	15.8
蛋氨酸	g/d	0.9	1.6	2.7	4.1	4.6	4.3
蛋氨酸+胱氨酸	g/d	1.9	3.4	5.8	8.8	10.0	9.5
苯丙氨酸	g/d	2.0	3.5	6.1	9.1	10.2	9.4
苯丙氨酸+酪氨酸	g/d	3.2	5.5	9.5	14.4	16.1	15.1
苏氨酸	g/d	2.1	3.7	6.3	9.7	11.0	10.5
色氨酸	g/d	0.6	1.1	1.9	2.8	3.1	2.9
缬氨酸	g/d	2.3	4.0	6.9	10.4	11.6	10.8
回肠末端真可消化氨基酸需要量							
精氨酸	g/d	1.3	2.3	3.9	5.7	5.7	4.3
组氨酸	g/d	1.0	1.8	3.1	4.6	5.2	4.8
异亮氨酸	g/d	1.7	3.0	5.2	7.8	8.7	8.0
亮氨酸	g/d	3.2	5.7	9.8	14.8	16.5	15.3
赖氨酸	g/d	3.2	5.5	9.4	14.2	15.8	14.4
蛋氨酸	g/d	0.9	1.5	2.6	3.9	4.4	4.1
蛋氨酸+胱氨酸	g/d	1.8	3.1	5.3	8.2	9.3	8.8
苯丙氨酸	g/d	1.9	3.3	5.7	8.5	9.4	8.6
苯丙氨酸+酪氨酸	g/d	3.0	5.2	8.9	13.4	15.0	13.9
苏氨酸	g/d	1.9	3.3	5.6	8.5	9.6	9.1
色氨酸	g/d	0.5	1.0	1.6	2.4	2.7	2.5
缬氨酸	g/d	2.1	3.7	6.3	9.5	10.6	9.8

（续）

指标	单位	体重（kg）					
		3～5	5～10	10～20	20～50	50～80	80～120
总氨基酸需要量[e]							
精氨酸	g/d	1.5	2.7	4.6	6.8	7.1	5.7
组氨酸	g/d	1.2	2.1	3.7	5.6	6.3	5.9
异亮氨酸	g/d	2.1	3.7	6.3	9.5	10.7	10.1
亮氨酸	g/d	3.8	6.6	11.2	16.8	18.4	16.6
赖氨酸	g/d	3.8	6.7	11.5	17.5	19.7	18.5
蛋氨酸	g/d	1.0	1.8	3.0	4.6	5.1	4.8
蛋氨酸+胱氨酸	g/d	2.2	3.8	6.5	9.9	11.3	10.8
苯丙氨酸	g/d	2.3	4.0	6.8	10.2	11.3	10.4
苯丙氨酸+酪氨酸	g/d	3.5	6.2	10.6	16.1	18.0	16.8
苏氨酸	g/d	2.5	4.3	7.4	11.3	13.0	12.6
色氨酸	g/d	0.7	1.2	2.1	3.2	3.6	3.4
缬氨酸	g/d	2.6	4.6	7.9	11.9	13.3	12.4

注：a. 公母按1∶1混养，从20～120kg体重，每天沉积无脂瘦肉325g；

b. 消化能转化为代谢能的效率为96%，在本表中所列玉米—豆粕型日粮的粗蛋白条件下，消化能转化为代谢能的效率为94%～96%；

c. 本表中所列粗蛋白含量适用于玉米—豆粕型日粮，对于采食含血浆或奶产品的3～10kg仔猪，粗蛋白水平可以降低2%～3%；

d. 总氨基酸的需要量基于以下日粮：3～5kg仔猪，玉米—豆粕型日粮，含5%的血浆制品和25%～50%的奶制品；5～10kg仔猪，玉米—豆粕型日粮，含5%～25的奶制品；10～120kg生长猪，玉米—豆粕型日粮；

e. 3～20kg体重猪的总赖氨酸需要量是根据经验计算出来的，其他氨基酸是根据它们和赖氨酸的比例（真可消化基础）计算出来的，也有极个别数据是通过经验数据估算出来的；20～120kg体重猪的氨基酸需要量是通过生长模型计算出来的。

表2-9　生长猪日粮矿物质、维生素和亚油酸需要量

（自由采食，日粮含90%干物质）[a]

指标	单位	体重（kg）					
		3～5	5～10	10～20	20～50	50～80	80～120
平均体重	kg	4	7.5	15	35	65	100
消化能	kcal/kg	3 400	3 400	3 400	3 400	3 400	3 400
代谢能[b]	kcal/kg	3 265	3 265	3 265	3 265	3 265	3 265

（续）

指标	单 位	体重（kg）					
		3～5	5～10	10～20	20～50	50～80	80～120
消化能进食量	kcal/day	855	1 690	3 400	6 305	8 760	10 450
代谢能进食量[b]	kcal/day	820	1 620	3 265	6 050	8 410	10 030
采食量	g/d	250	500	1 000	1 855	2 575	3 075
		矿物质需要量					
钙[c]	%	0. 90	0. 80	0. 70	0. 60	0. 50	0. 45
总磷[c]	(%)	0. 70	0. 65	0. 60	0. 50	0. 45	0. 40
有效磷[c]	(%)	0. 55	0. 40	0. 32	0. 23	0. 19	0. 15
钠	(%)	0. 25	0. 20	0. 15	0. 10	0. 10	0. 10
氯	(%)	0. 25	0. 20	0. 15	0. 08	0. 08	0. 08
镁	(%)	0. 04	0. 04	0. 04	0. 04	0. 04	0. 04
钾	(%)	0. 30	0. 28	0. 26	0. 23	0. 19	0. 17
铜	mg/kg	6. 00	6. 00	5. 00	4. 00	3. 50	3. 00
碘	mg/kg	0. 14	0. 14	0. 14	0. 14	0. 14	0. 14
铁	mg/kg	100	100	80	60	50	40
锰	mg/kg	4. 00	4. 00	3. 00	2. 00	2. 00	2. 00
硒	mg/kg	0. 30	0. 30	0. 25	0. 15	0. 15	0. 15
锌	mg/kg	100	100	80	60	50	50
		维生素需要量					
维生素 A	IU/d	2200	2 200	1 750	1 300	1 300	1 300
维生素 D_3	IU/d	220	220	200	150	150	150
维生素 E	IU/d	16	16	11	11	11	11
维生素 K_3	mg/kgc	0. 50	0. 50	0. 50	0. 50	0. 50	0. 50
生物素	mg/kg	0. 08	0. 05	0. 05	0. 05	0. 05	0. 05
胆碱	mg/kg	0. 60	0. 50	0. 40	0. 30	0. 30	0. 30
叶酸	mg/kg	0. 30	0. 30	0. 30	0. 30	0. 30	0. 30
烟酸，可利用[e]	mg/kg	20. 00	15. 00	12. 50	10. 00	7. 00	7. 00
泛酸	mg/kg	12. 00	10. 00	9. 00	8. 00	7. 00	7. 00
核黄酸	mg/kg	4. 00	3. 50	3. 00	2. 50	2. 00	2. 00
硫胺酸	mg/kg	1. 50	1. 00	1. 00	1. 00	1. 00	1. 00

（续）

指标	单位	体重（kg）					
		3～5	5～10	10～20	20～50	50～80	80～120
维生素 B_6	mg/kg	2.00	1.50	1.50	1.00	1.00	1.00
维生素 B_{12}	μg/kg	20.00	17.50	15.00	10.00	5.00	5.00
亚油酸	%	0.10	0.10	0.10	0.10	0.10	0.10

注：a. 瘦肉生长速度较高（每天无脂瘦肉沉积大于 325g）的猪对某些矿物元素和维生素的需要量可能会比表中所列数值略高；

b. 消化能转化为代谢能的效率为 96%，对玉米－豆粕型日粮，这一转化率为 94%～96%，依粗蛋白含量而定；

c. 体重 50～100kg 的后备公猪和后备母猪日粮中钙、磷可利用磷的含量应增加 0.05～0.10 个百分点；

d. IU 维生素＝0.344μg 乙酸视黄酯；IIU 维生素 D_3＝0.05μg 胆钙化醇；IIU 维生素 E＝0.67mg D－α 生育酚＝1mg DL－α 生育酚乙酸酯；

e. 玉米、饲用高粱、小麦和大麦中的烟酸不能为猪所利用。同样，这些谷物副产品中的烟酸的利用率也很低。除非对这些副产品进行发酵处理或湿法粉碎。

表 2－10　生长猪每天矿物质、维生素和亚油酸需要量

（自由采食，日粮含 90%干物质）[a]

指标	单位	体重（kg）					
		3～5	5～10	10～20	20～50	50～80	80～120
平均体重	kg	4	7.5	15	35	65	100
消化能	kcal/kg	3 400	3 400	3 400	3 400	3 400	3 400
代谢能[b]	kcal/kg	3 265	3 265	3 265	3 265	3 265	3 265
消化能进食量	kcal/day	855	1 690	3 400	6 305	8 760	10 450
代谢能进食量[b]	kcal/day	820	1 620	3 265	6 050	8 410	10 030
采食量	g/d	250	500	1 000	1 855	2 575	3 075
矿物质需要量							
钙	g/d	2.25	4.00	7.00	11.13	12.88	13.84
总磷[c]	g/d	1.75	3.25	6.00	9.28	11.59	12.30
有效磷[c]	g/d	1.38	2.00	3.20	4.27	4.89	4.61
钠	g/d	0.63	1.00	1.50	1.86	2.58	3.08
氯	g/d	0.63	1.00	1.50	1.48	2.06	2.46
镁	g/d	0.10	0.20	0.40	0.74	1.03	1.23
钾	g/d	0.75	1.40	2.60	4.27	4.89	5.23

（续）

指标	单 位	体重（kg）					
		3～5	5～10	10～20	20～50	50～80	80～120
铜	mg/d	1.50	3.00	5.00	7.42	9.01	9.23
碘	mg/d	0.04	0.07	0.14	0.26	0.36	0.43
铁	mg/d	25.00	50.00	80.00	111.30	129.75	123.00
锰	mg/d	1.00	2.00	3.00	3.71	5.15	6.15
硒	mg/d	0.08	0.15	0.25	0.28	0.39	0.46
锌	mg/d	25.00	50.00	80.00	111.30	129.75	153.75
维生素需要量							
维生素 A	IU/d	550	1 100	1 750	2 412	3 348	3 998
维生素 D_3	IU/d	55	110	200	278	386	461
维生素 E	IU/d	4	8	11	20	28	34
维生素 K_3	mg/d	0.13	0.25	0.50	0.93	1.29	1.54
生物素	mg/d	0.02	0.03	0.05	0.09	0.13	0.15
胆碱	mg/d	0.15	0.25	0.40	0.56	0.77	0.92
叶酸	mg/d	0.08	0.15	0.30	0.56	0.77	0.92
烟酸，可利用[e]	mg/d	5.00	7.50	12.50	18.55	18.03	21.53
泛酸	mg/d	3.00	5.00	9.00	14.84	18.03	21.53
核黄酸	mg/d	1.00	1.75	3.00	4.64	5.15	6.15
硫胺酸	mg/d	0.38	0.50	1.00	1.86	2.58	3.08
维生素 B_6	mg/d	0.50	0.75	1.50	1.86	2.58	3.08
维生素 B_{12}	μg/d	5.00	8.75	15.00	18.55	12.88	15.38
亚油酸	g/d	0.25	0.50	0.10	1.86	2.58	3.08

注：a. 瘦肉生长速度较高（每天无脂瘦肉沉积大于 325g）的猪对某些矿物元素和维生素的需要量可能会比表中所列数值略高；

b. 消化能转化为代谢能的效率为 96%，对玉米—豆粕型日粮，这一转化率为 94%～96%，依粗蛋白含量而定；

c. 体重 50～100kg 的后备公猪和后备母猪日粮中钙、磷、可利用磷的含量应增加 0.05～0.10 个百分点；dIIU 维生素＝0.344μg 乙酸视黄酯；IIU 维生素 D3＝0.05μg 胆钙化醇；IIU 维生素 E＝0.67mg D－α 生育酚＝1mg DL－α 生育酚乙酸酯；

e. 玉米、饲用高粱、小麦和大麦中的烟酸不能为猪所利用。同样，这些谷物副产品中的烟酸的利用率也很低，除非对这些副产品进行发酵处理或湿法粉碎。

表 2-11　妊娠母猪日粮氨基酸需要量（日粮含 90%干物质）[a]

		配种体重（kg）					
		125	150	175	200	200	200
		妊娠增重（kg）[b]					
		55	45	40	35	30	35
		预期产仔数					
		11	12	12	12	12	14
指标	单位			12	12	12	14
消化能	kcal/kg	3 400	3 400	3 400	3 400	3 400	3 400
代谢能[c]	kcal/kg	3 265	3 265	3 265	3 265	3 265	3 265
消化能进食量	kcal/day	6 660	6 265	6 405	6 535	6 115	6 275
代谢能进食量[c]	kcal/day	6 395	6 015	6 150	6 275	5 870	6 025
采食量	kg/d	1.96	1.84	1.88	1.92	1.80	1.85
粗蛋白[d]	(%)	12.9	12.8	12.4	12.0	12.1	12.4
		回肠真可消化氨基酸需要量					
精氨酸	(%)	0.04	0.00	0.00	0.00	0.00	0.00
组氨酸	(%)	0.16	0.16	0.15	0.14	0.14	0.15
异亮氨酸	(%)	0.29	0.28	0.27	0.26	0.26	0.27
亮氨酸	(%)	0.48	0.47	0.44	0.41	0.41	0.44
赖氨酸	(%)	0.50	0.49	0.46	0.44	0.44	0.46
蛋氨酸	(%)	0.14	0.13	0.13	0.12	0.12	0.13
蛋氨酸+胱氨酸	(%)	0.33	0.33	0.32	0.31	0.32	0.33
苯丙氨酸	(%)	0.29	0.28	0.27	0.25	0.25	0.27
苯丙氨酸+酪氨酸	(%)	0.48	0.48	0.46	0.44	0.44	0.46
苏氨酸	(%)	0.37	0.38	0.37	0.36	0.37	0.38
色氨酸	(%)	0.10	0.10	0.09	0.09	0.09	0.09
缬氨酸	(%)	0.34	0.33	0.31	0.30	0.30	0.31
		回肠末端表观可消化氨基酸需要量					
精氨酸	(%)	0.03	0.00	0.00	0.00	0.00	0.00
组氨酸	(%)	0.15	0.15	0.14	0.13	0.13	0.14
异亮氨酸	(%)	0.26	0.26	0.25	0.24	0.24	0.25
亮氨酸	(%)	0.47	0.46	0.43	0.40	0.40	0.43

（续）

		配种体重（kg）					
		125	150	175	200	200	200
		妊娠增重（kg）[b]					
		55	45	40	35	30	35
		预期产仔数					
		11	12	12	12	12	14
赖氨酸	（%）	0.45	0.45	0.42	0.40	0.40	0.42
蛋氨酸	（%）	0.13	0.13	0.12	0.11	0.12	0.12
蛋氨酸＋胱氨酸	（%）	0.30	0.31	0.30	0.29	0.30	0.31
苯丙氨酸	（%）	0.27	0.26	0.24	0.23	0.23	0.24
苯丙氨酸＋酪氨酸	（%）	0.45	0.44	0.42	0.40	0.41	0.43
苏氨酸	（%）	0.32	0.33	0.32	0.31	0.32	0.33
色氨酸	（%）	0.08	0.08	0.08	0.07	0.07	0.08
缬氨酸	（%）	0.31	0.30	0.28	0.27	0.27	0.28
		总氨基酸需要量[d]					
精氨酸	（%）	0.06	0.03	0.00	0.00	0.00	0.00
组氨酸	（%）	0.19	0.18	0.17	0.16	0.17	0.17
异亮氨酸	（%）	0.33	0.32	0.31	0.30	0.30	0.31
亮氨酸	（%）	0.50	0.49	0.46	0.42	0.43	0.45
赖氨酸	（%）	0.58	0.57	0.54	0.52	0.52	0.54
蛋氨酸	（%）	0.15	0.15	0.14	0.13	0.13	0.14
蛋氨酸＋胱氨酸	（%）	0.37	0.38	0.37	0.36	0.36	0.37
苯丙氨酸	（%）	0.32	0.32	0.30	0.28	0.28	0.30
苯丙氨酸＋酪氨酸	（%）	0.54	0.54	0.51	0.49	0.49	0.51
苏氨酸	（%）	0.44	0.45	0.44	0.43	0.44	0.45
色氨酸	（%）	0.11	0.11	0.11	0.10	0.10	0.11
缬氨酸	（%）	0.39	0.38	0.36	0.34	0.34	0.36

注：a. 消化能每日进食量和饲料采食量以及氨基酸需要量是根据妊娠模型推算的；

b. 妊娠增重包括母体增重和胎儿增重；

c. 消化能转化为代谢能的效率为 96%；

d. 粗蛋白和总氨基酸需要量基于玉米—豆粕型日粮。

表 2-12　妊娠母猪每天氨基酸需要量（日粮含 90%干物质）[a]

		配种体重（kg）					
		125	150	175	200	200	200
		妊娠增重（kg）[b]					
		55	45	40	35	30	35
		预期产仔数					
		11	12	12	12	12	14
指标	单位			12	12	12	14
消化能	kcal/kg	3 400	3 400	3 400	3 400	3 400	3 400
代谢能[c]	kcal/kg	3 265	3 265	3 265	3 265	3 265	3 265
消化能进食量	kcal/day	6 660	6 265	6 405	6 535	6 115	6 275
代谢能进食量[c]	kcal/day	6 395	6 015	6 150	6 275	5 870	6 025
采食量	kg/d	1.96	1.84	1.88	1.92	1.80	1.85
粗蛋白[d]	(%)	12.9	12.8	12.4	12.0	12.1	12.4
		回肠真可消化氨基酸需要量					
精氨酸	g/d	0.8	0.1	0.0	0.0	0.0	0.0
组氨酸	g/d	3.1	2.9	2.8	2.7	2.5	2.7
异亮氨酸	g/d	5.6	5.2	5.1	5.0	4.7	5.0
亮氨酸	g/d	9.4	8.7	8.3	7.9	7.4	8.1
赖氨酸	g/d	9.7	9.0	8.7	8.4	7.9	8.5
蛋氨酸	g/d	2.7	2.5	2.4	2.3	2.2	2.3
蛋氨酸+胱氨酸	g/d	6.4	6.1	6.1	6.0	5.7	6.1
苯丙氨酸	g/d	5.7	5.2	5.0	4.8	4.6	4.9
苯丙氨酸+酪氨酸	g/d	9.5	8.9	8.6	8.4	7.9	8.5
苏氨酸	g/d	7.3	7.0	6.9	6.9	6.6	7.0
色氨酸	g/d	1.9	1.8	1.7	1.7	1.6	1.7
缬氨酸	g/d	6.6	6.1	5.9	5.7	5.4	5.8
		回肠末端表观可消化氨基酸需要量					
精氨酸	g/d	0.6	0.0	0.0	0.0	0.0	0.0
组氨酸	g/d	2.9	2.7	2.6	2.5	2.4	2.6
异亮氨酸	g/d	5.1	4.8	4.7	4.5	4.3	4.6
亮氨酸	g/d	9.2	8.4	8.1	7.7	7.3	7.9

（续）

		配种体重（kg）					
		125	150	175	200	200	200
		妊娠增重（kg）[b]					
		55	45	40	35	30	35
		预期产仔数					
		11	12	12	12	12	14
赖氨酸	g/d	8.9	8.2	7.9	7.6	7.2	7.7
蛋氨酸	g/d	2.5	2.4	2.3	2.2	2.1	2.2
蛋氨酸＋胱氨酸	g/d	6.0	5.7	5.7	5.6	5.3	5.7
苯丙氨酸	g/d	5.2	4.8	4.6	4.4	4.2	4.5
苯丙氨酸＋酪氨酸	g/d	8.8	8.2	8.0	7.7	7.3	7.9
苏氨酸	g/d	6.3	6.0	6.0	6.0	5.7	6.1
色氨酸	g/d	1.6	1.5	1.4	1.4	1.3	1.4
缬氨酸	g/d	6.0	5.6	5.4	5.2	4.9	5.3
		总氨基酸需要量 d					
精氨酸	g/d	1.3	0.5	0.0	0.0	0.0	0.0
组氨酸	g/d	3.6	3.4	3.3	3.2	3.0	3.2
异亮氨酸	g/d	6.4	6.0	5.9	5.7	5.4	5.8
亮氨酸	g/d	9.9	9.0	8.6	8.2	7.7	8.3
赖氨酸	g/d	11.4	10.6	10.3	9.9	9.4	10.0
蛋氨酸	g/d	2.9	2.7	2.6	2.6	2.4	2.6
蛋氨酸＋胱氨酸	g/d	7.3	7.0	6.9	6.8	6.5	6.9
苯丙氨酸	g/d	6.3	5.8	5.6	5.4	5.0	5.4
苯丙氨酸＋酪氨酸	g/d	10.6	9.9	9.6	9.4	8.9	9.5
苏氨酸	g/d	8.6	8.3	8.3	8.2	7.8	8.3
色氨酸	g/d	2.2	2.0	2.0	1.9	1.8	2.0
缬氨酸	g/d	7.6	7.0	6.8	6.6	6.2	6.7

注：a. 消化能每日进食量和饲料采食量以及氨基酸需要量是根据妊娠模型推算的；

b. 妊娠增重包括母体增重和胎儿增重；

c. 消化能转化为代谢能的效率为 96%；

d. 粗蛋白和总氨基酸需要量基于玉米—豆粕型日粮。

表 2-13 妊娠母猪每天氨基酸需要量（日粮含 90%干物质）

		配种体重（kg）					
		175	175	175	175	175	175
		预期的泌乳期体重变化（kg）[b]					
		0	0	0	−10	−10	−10
		仔猪日增重（g）[b]					
		150	200	250	150	200	250
指标	单位						
消化能	kcal/kg	3 400	3 400	3 400	3 400	3 400	3 400
代谢能[c]	kcal/kg	3 265	3 265	3 265	3 265	3 265	3 265
消化能进食量	kcal/day	14 645	18 205	21 765	12 120	15 680	19 240
代谢能进食量[c]	kcal/day	14 060	17 475	20 895	11 635	15 055	18 470
采食量	kg/d	4.31	5.35	6.40	3.56	4.61	5.66
粗蛋白[d]	(%)	16.3	17.5	18.4	17.2	18.5	19.2
		回肠真可消化氨基酸需要量					
精氨酸	(%)	0.36	0.44	0.49	0.35	0.44	0.50
组氨酸	(%)	0.28	0.32	0.34	0.30	0.34	0.36
异亮氨酸	(%)	0.40	0.44	0.47	0.44	0.48	0.50
亮氨酸	(%)	0.80	0.90	0.96	0.87	0.97	1.03
赖氨酸	(%)	0.71	0.79	0.85	0.77	0.85	0.90
蛋氨酸	(%)	0.19	0.21	0.22	0.20	0.22	0.23
蛋氨酸+胱氨酸	(%)	0.35	0.39	0.41	0.39	0.42	0.43
苯丙氨酸	(%)	0.39	0.43	0.46	0.42	0.46	0.49
苯丙氨酸+酪氨酸	(%)	0.80	0.89	0.95	0.88	0.97	1.02
苏氨酸	(%)	0.45	0.49	0.52	0.50	0.53	0.56
色氨酸	(%)	0.13	0.14	0.15	0.15	0.16	0.17
缬氨酸	(%)	0.60	0.67	0.72	0.66	0.73	0.77
		回肠末端表观可消化氨基酸需要量					
精氨酸	(%)	0.34	0.41	0.46	0.33	0.41	0.47
组氨酸	(%)	0.27	0.30	0.32	0.29	0.32	0.34
异亮氨酸	(%)	0.37	0.41	0.44	0.41	0.44	0.47
亮氨酸	(%)	0.77	0.86	0.92	0.83	0.92	0.98

（续）

		配种体重（kg）					
		175	175	175	175	175	175
		预期的泌乳期体重变化（kg）[b]					
		0	0	0	－10	－10	－10
		仔猪日增重（g）[b]					
		150	200	250	150	200	250
赖氨酸	（%）	0.66	0.73	0.79	0.72	0.79	0.84
蛋氨酸	（%）	0.18	0.20	0.21	0.19	0.21	0.22
蛋氨酸＋胱氨酸	（%）	0.33	0.36	0.38	0.36	0.39	0.40
苯丙氨酸	（%）	0.36	0.40	0.43	0.39	0.43	0.46
苯丙氨酸＋酪氨酸	（%）	0.75	0.83	0.89	0.82	0.90	0.96
苏氨酸	（%）	0.40	0.43	0.46	0.44	0.47	0.49
色氨酸	（%）	0.11	0.12	0.13	0.13	0.14	0.14
缬氨酸	（%）	0.55	0.61	0.66	0.61	0.67	0.71
		总氨基酸需要量[d]					
精氨酸	（%）	0.40	0.48	0.54	0.39	0.49	0.55
组氨酸	（%）	0.31	0.36	0.38	0.34	0.38	0.40
异亮氨酸	（%）	0.45	0.50	0.53	0.50	0.54	0.57
亮氨酸	（%）	0.86	0.97	1.05	0.95	1.05	1.12
赖氨酸	（%）	0.82	0.91	0.97	0.89	0.97	1.03
蛋氨酸	（%）	0.21	0.23	0.24	0.22	0.24	0.26
蛋氨酸＋胱氨酸	（%）	0.40	0.44	0.46	0.44	0.47	0.49
苯丙氨酸	（%）	0.43	0.48	0.52	0.47	0.52	0.55
苯丙氨酸＋酪氨酸	（%）	0.90	1.00	1.07	0.98	1.08	1.14
苏氨酸	（%）	0.54	0.58	0.61	0.58	0.63	0.65
色氨酸	（%）	0.15	0.16	0.17	0.17	0.18	0.19
缬氨酸	（%）	0.68	0.76	0.82	0.76	0.83	0.88

注：a. 代谢能每日进食量和饲料采食量以及氨基酸需要量是根据泌乳模型推算的；

b. 每窝 10 头仔猪，21 日龄断奶；

c. 消化能转化为代谢能的效率为 96%，对玉米－豆粕型日粮，这一比值为 95%～96%，依日粮蛋白含量而定；

d. 粗蛋白和总氨基酸需要量基于玉米—豆粕型日粮。

表 2-14 泌乳母猪每天氨基酸需要量（日粮含 90%干物质）[a]

		分娩前体重（kg）					
		175	175	175	175	175	175
		预期的泌乳期体重变化（kg）[b]					
		0	0	0	−10	−10	−10
		仔猪日增重（g）[b]					
		150	200	250	150	200	250
指标	单位						
消化能	kcal/kg	3 400	3 400	3 400	3 400	3 400	3 400
代谢能[c]	kcal/kg	3 265	3 265	3 265	3 265	3 265	3 265
消化能进食量	kcal/day	14 645	18 205	21 765	12 120	15 680	19 240
代谢能进食量[c]	kcal/day	14 060	17 475	20 895	11 635	15 055	18 470
采食量	kg/d	4.31	5.35	6.40	3.56	4.61	5.66
粗蛋白[d]	（%）	16.3	17.5	18.4	17.2	18.5	19.2
		回肠真可消化氨基酸需要量					
精氨酸	g/d	15.6	23.4	31.1	12.5	20.3	28.0
组氨酸	g/d	12.2	17.0	21.7	10.9	15.6	20.3
异亮氨酸	g/d	17.2	23.6	30.1	15.6	22.1	28.5
亮氨酸	g/d	34.4	48.0	61.5	31.0	44.5	58.1
赖氨酸	g/d	30.7	42.5	54.3	27.6	39.4	51.2
蛋氨酸	g/d	8.0	11.0	14.1	7.2	10.2	13.2
蛋氨酸＋胱氨酸	g/d	15.3	20.6	26.0	13.9	19.2	24.5
苯丙氨酸	g/d	16.8	23.3	29.7	14.9	21.4	27.9
苯丙氨酸＋酪氨酸	g/d	34.6	47.9	61.1	31.4	44.6	57.8
苏氨酸	g/d	19.5	26.4	33.3	17.7	24.6	31.5
色氨酸	g/d	5.5	7.6	9.7	5.2	7.3	9.4
缬氨酸	g/d	25.8	35.8	45.8	23.6	33.6	43.6
		回肠末端表观可消化氨基酸需要量					
精氨酸	g/d	14.6	22.0	29.3	11.7	19.1	26.4
组氨酸	g/d	11.5	16.0	20.5	10.2	14.7	19.2
异亮氨酸	g/d	15.9	21.9	27.9	14.5	20.5	26.5

（续）

		分娩前体重（kg）					
		175	175	175	175	175	175
		预期的泌乳期体重变化（kg）[b]					
		0	0	0	−10	−10	−10
		仔猪日增重（g）[b]					
		150	200	250	150	200	250
亮氨酸	g/d	33.0	45.9	58.7	29.7	42.6	55.4
赖氨酸	g/d	28.4	39.4	50.4	25.5	36.5	47.5
蛋氨酸	g/d	7.6	10.5	13.4	6.8	9.7	12.6
蛋氨酸＋胱氨酸	g/d	14.2	19.2	24.1	12.9	17.8	22.8
苯丙氨酸	g/d	15.5	21.6	27.6	13.8	19.9	25.9
苯丙氨酸＋酪氨酸	g/d	32.3	44.7	57.1	29.3	41.7	54.1
苏氨酸	g/d	17.1	23.1	29.2	15.5	21.6	27.7
色氨酸	g/d	4.7	6.6	8.4	4.5	6.3	8.1
缬氨酸	g/d	23.6	32.8	42.0	21.6	30.8	40.0
		总氨基酸需要量[d]					
精氨酸	g/d	17.4	25.8	34.3	14.0	22.4	30.8
组氨酸	g/d	13.8	19.1	24.4	12.2	17.5	22.8
异亮氨酸	g/d	19.5	26.8	34.1	17.7	25.0	32.3
亮氨酸	g/d	37.2	52.1	67.0	33.7	48.6	63.5
赖氨酸	g/d	35.3	48.6	61.9	31.6	44.9	58.2
蛋氨酸	g/d	8.8	12.2	15.6	7.9	11.3	14.6
蛋氨酸＋胱氨酸	g/d	17.3	23.4	29.4	15.7	21.7	27.8
苯丙氨酸	g/d	18.7	25.9	33.2	16.6	23.9	31.1
苯丙氨酸＋酪氨酸	g/d	38.7	53.4	68.2	35.1	49.8	64.6
苏氨酸	g/d	23.0	31.1	39.1	20.8	28.8	36.9
色氨酸	g/d	6.3	8.6	11.0	5.9	8.2	10.6
缬氨酸	g/d	29.5	40.9	52.3	26.9	38.4	49.8

注：a. 代谢能每日进食量和饲料采食量以及氨基酸需要量是根据泌乳模型推算的；

b. 每窝 10 头仔猪，21 日龄断奶；

c. 消化能转化为代谢能的效率为 96%，对玉米—豆粕型日粮，这一比值为 95%～96%，依日粮蛋白含量而定；

d. 粗蛋白和总氨基酸需要量基于玉米—豆粕型日粮。

表 2-15　妊娠和泌乳母猪日粮中矿物质、维生素和亚油酸的需要量

（日粮含 90%的干物质）

		妊娠母猪	泌乳母猪
消化能	kcal/kg	3 400	3 400
代谢能[b]	kcal/kg	3 265	3 265
消化能进食量	kcal/day	6 290	17 850
代谢能进食量	bkcal/day	6 040	17 135
采食量	kg/d	1.85	5.25
		矿物质需要量	
钙	%	0.75	0.75
总磷	%	0.60	0.60
有效磷	%	0.35	0.35
钠	%	0.15	0.20
氯	%	0.12	0.16
镁	%	0.04	0.04
钾	%	0.20	0.20
铜	mg/kg	5.00	5.00
碘	mg/kg	0.14	0.14
铁	mg/kg	80	80
锰	mg/kg	20	20
硒	mg/kg	0.15	0.15
锌	mg/kg	50	50
		维生素需要量	
维生素 A	IU/d[c]	4 000	2 000
维生素 D_3	IU/d[c]	200	200
维生素 E	IU/d[c]	44	44
维生素 K_3	mg/kg	0.50	0.50
生物素	mg/kg	0.20	0.20
胆碱	g/kg	1.25	1.00
叶酸	mg/kg	1.30	1.30
烟酸，可利用[d]	mg/kg	10	10
泛酸	mg/kg	12	12

（续）

		妊娠母猪	泌乳母猪
核黄酸	mg/kg	3.75	3.75
硫胺酸	mg/kg	1.00	1.00
维生素 B_6	mg/kg	1.00	1.00
维生素 B_{12}	μg/kg	15	15
亚油酸	%	0.10	0.10

注：a. 需要量是按日采食量 1.85kg 和 5.85kg 设计的；

b. 消化能转化为代谢能的效率为 96%；

c. IIU 维生素 A=0.344μg 乙酸视黄酯；IIU 维生素 D_3=0.025μg 胆钙化醇；IU 维生素 E=0.67mg D-α 生育酚=1mg DL-α 生育酚乙酸酯；

d. 玉米、饲用高粱、小麦和大麦中的烟酸不能为猪所利用。同样，这些谷物副产品中的烟酸的利用率也很低，除非对这些副产品进行发酵处理或湿法粉碎。

表 2-16　妊娠和泌乳母猪日粮中每天矿物质、维生素和亚油酸的需要量

（日粮含 90%干物质）[a]

		妊娠母猪	泌乳母猪
消化能	kcal/kg	3 400	3 400
代谢能[b]	kcal/kg	3 265	3 265
消化能进食量	kcal/day	6 290	17 850
代谢能进食量[b]	bkcal/day	6 040	17 135
采食量	kg/d	1.85	5.25
		矿物质需要量	
钙	g/d	13.9	39.4
总磷	g/d	11.1	31.5
有效磷	g/d	6.5	18.4
钠	g/d	2.8	10.5
氯	g/d	2.2	8.4
镁	g/d	0.7	2.1
钾	g/d	3.7	10.5
铜	mg/d	9.3	26.3
碘	mg/d	0.3	0.7
铁	mg/d	148	420
锰	mg/d	37	105
硒	mg/d	0.3	0.8
锌	mg/d	93	263

（续）

		妊娠母猪	泌乳母猪
	维生素需要量		
维生素 A	IU/d[c]	7 400	10 500
维生素 D_3	IU/d[c]	370	1 050
维生素 E	IU/d[c]	81	231
维生素 K_3	mg/d	0.9	2.6
生物素	mg/d	0.4	1.1
胆碱	g/d	2.3	5.3
叶酸	mg/d	2.4	6.8
烟酸，可利用[b]	dmg/d	19	53
泛酸	mg/d	22	63
核黄酸	mg/d	6.9	19.7
硫胺酸	mg/d	1.9	5.3
维生素 B_6	mg/d	1.9	5.3
维生素 B_{12}	μg/d	28	79
亚油酸	g/d	1.9	5.3

注：a. 需要量是按日采食量 1.85kg 和 5.85kg 设计的；

b. 消化能转化为代谢能的效率为 96%；

c. IIU 维生素 A＝0.344μg 乙酸视黄酯；IIU 维生素 D_3＝0.025μg 胆钙化醇；IU 维生素 E＝0.67mg D－α 生育酚＝1mg DL－α 生育酚乙酸酯；

d. 玉米、饲用高粱、小麦和大麦中的烟酸不能为猪所利用。同样，这些谷物副产品中的烟酸的利用率也很低，除非对这些副产品进行发酵处理或湿法粉碎。

表 2－17　种公猪配种期日粮和每天氨基酸、矿物质、维生素和亚油酸需要量

（日粮含 90%干物质）[a]

消化能	kcal/kg	3 400	3 400
代谢能	kcal/kg	3 265	3 265
消化能进食量	kcal/day	6 800	6 800
代谢能进食量	kcal/day	6 530	6 530
采食量	g/d	2.00	2.00
粗蛋白	（%）	13.0	13.0

（续）

	日粮中需要量	单位	每天需要量	单位
总氨基酸[b]				
精氨酸	—	%	—	g/d
组氨酸	0.19	%	3.8	g/d
异亮氨酸	0.35	%	7.0	g/d
亮氨酸	0.51	%	10.2	g/d
赖氨酸	0.60	%	12.0	g/d
蛋氨酸	0.16	%	3.2	g/d
蛋氨酸+胱氨酸	0.42	%	8.4	g/d
苯丙氨酸	0.33	%	6.6	g/d
苯丙氨酸+酪氨酸	0.57	%	11.4	g/d
苏氨酸	0.50	%	10.0	g/d
色氨酸	0.12	%	2.4	g/d
缬氨酸	0.40	%	8.0	g/d
矿物质				
钙	0.75	%	15.0	g/d
总磷	0.60	%	12.0	g/d
有效磷	0.35	%	7.0	g/d
钠	0.15	%	3.0	g/d
氯	0.12	%	2.4	g/d
镁	0.04	%	0.8	g/d
钾	0.20	%	4.0	g/d
铜	5	mg/kg	10	mg/d
碘	0.14	mg/kg	0.28	mg/d
铁	80	mg/kg	160	mg/d
锰	20	mg/kg	40	mg/d
硒	0.15	mg/kg	0.3	mg/d
锌	50	mg/kg	100	mg/d

（续）

	日粮中需要量	单位	每天需要量	单位
维生素				
维生素 A_c	4000	IU	8000	IU/d
维生素 $D_3{}^c$	200	IU	400	IU/d
维生素 E_c	44	IU	88	IU/d
维生素 K_3	0.50	mg/kg	1.0	mg/d
生物素	0.20	mg/kg	0.4	mg/d
胆碱	1.25	g/kg	2.5	g/d
叶酸	1.30	mg/kg	2.6	mg/d
烟酸（可利用）	10		20	mg/d
泛酸	12	mg/kg	24	mg/d
核黄素	3.75	mg/kg	7.5	mg/d
硫胺素	1.0	mg/kg	2.0	mg/d
维生素 B_6	1.0	mg/kg	2.0	mg/d
维生素 B_{12}	15	μg/kg	30	μg/d
亚油酸	0.1	%	2.0	g/d

注：a. 需要量是按日采食量 2.00kg 设计的，实际生产中日采食量应依种公猪体重和增重而定；

b. 玉米—豆粕型日粮，赖氨酸需要量定为 0.6%（12g/d），其氨基酸是按和妊娠母猪相似的模型（总氨基酸基础）推算的；

c. IIU 维生素 A=0.344μg 乙酸视黄酯；IIU 维生素 D_3=0.025μg 胆钙化醇；IIU 维生素 E=0.67mg D-α生育酚=1mg DL-α生育酚乙酸酯；

d. 玉米、饲用高粱、小麦和大麦中的烟酸不能为猪所列用。同样，这些谷物副产品中的烟酸的利用率也很低，除非对这些副产品进行发酵处理或湿法粉碎。

七、载铜蒙脱石对断奶仔猪的饲养试验

以蒙脱石（MMT）和硫酸铜（$CuSO_4$）为主要原料，采用阳离子交换技术，构建了载铜蒙脱石（MMT-Cu）。由于蒙脱石具有强大的吸附病原菌的能力，铜既是动物体必需的微量元素又具有杀菌作用，因此，构建的载铜蒙脱石可以作为一种饲料添加剂添加到断奶仔

猪饲粮中。现将载铜蒙脱石在饲养实践中对断奶仔猪生产性能、消化酶活性、肠道菌群和小肠黏膜形态结构的影响做如下介绍。

(一) 材料与方法

1. 试验材料

$CuSO_4 \cdot 5H_2O$（饲料级）购自杭州市化工原料总公司；载铜蒙脱石（MMT－Cu）按许梓荣等（2002）的方法制备。经测定，MMT－Cu 中铜含量为 3.9%。金霉素（饲料级）购自浙江大学动物制药厂。

2. 试验动物与试验设计

本试验选用浙江省宁波市梅湖种猪厂的 160 头（28±2）日龄平均体重为（7.5±0.3）kg 的去势断奶“杜长大”三元杂交仔猪，按胎次一致、品种相同、体重相近、公母各半的分组方法，采用随机区组设计，共设 5 组，即对照组，为基础日粮组（不添加任何抗生素，铜含量为 6mg/kg)；试验组一，基础日粮＋250mg/kg 硫酸铜组；试验组二，基础日粮＋100mg/kg 金霉素组。载铜蒙脱石设两个水平：组一，基础日粮＋2g/kg 载铜蒙脱石；组二，基础日粮＋3g/kg 载铜蒙脱石。每组设 4 个重复，每个重复 8 头猪（公母各半），分别饲喂上述日粮。

3. 试验饲粮

参照美国 NRC（1998 版）断奶仔猪的营养需要配合成粉状全价料，配方及主要营养指标见表 2－18。

表 2－18　断奶仔猪基础饲粮组成（%）及主要营养成分

原料（%）		营养水平	
玉米	51.7	消化能（DE**，MJ/kg)	13.56
豆粕	27.5	粗蛋白（CP,%）	20.3
膨化大豆	2.0	钙（Ca,%）	0.86
进口鱼粉	3.5	磷（P,%）	0.73
乳清粉	4.0	赖氨酸	1.32

（续）

原料（%）		营养水平	
小麦麸	8.0	蛋+胱氨酸	0.70
磷酸氢钙	1.2		
石粉	0.8		
加碘食盐	0.3		
维生素-微量矿物元素预混料*	1.0		

注：1. * 多维微量元素预混料（每千克饲粮）：维生素 A，6 000IU；维生素 D_3，3 500IU；维生素 E，150IU；维生素 B_1，36mg；维生素 B_2，60mg；维生素 B_{12}，3.0mg；Niacin，30mg；Fe，110mg；Zn，110mg；Mn，20mg；Cu，6mg；I，1.0mg；Se，0.3mg；Co，0.2mg。

2. ** DE 为计算值，其余均为实测值。

3. 基础日粮中不含任何抗生素。

4. 试验方法

（1）饲养试验　试验前对猪舍进行严格消毒。试验猪采用群饲，自由采食和饮水。预饲期 7 天，正式试验期 45 天。试验期间每天记录仔猪耗料和腹泻情况，分别于饲养试验正式开始、试验中期和试验结束时，连续 3 天早饲前空腹称重，以 3 天的平均重作为试验开始和结束时的体重。按圈结算饲料，计算试验猪的日平均采食量（ADFI）、平均日增重（ADG）、料重比（F/G）和腹泻率。腹泻率按下式计算：

腹泻率(%)＝(腹泻头数×腹泻天数)/(猪只数×试验天数)

（2）屠宰试验　饲养试验结束后，随机从每组的每个重复中各选体重约 25kg 左右健康仔猪各 2 头（公母各半），共 40 头，肌内注射 4%戊巴比妥钠溶液（每千克体重 40mg）进行麻醉，待麻醉完全后，切开腹腔，进行屠宰测定。宰前禁饲 24h，禁饲期间自由饮水，宰前称重。屠宰在本地定点屠宰场进行。

（3）样品的收集与保存

1）肠道样品的收集与保存　无菌操作在每头仔猪相同部位立即结扎十二指肠、空肠、回肠、盲肠和结肠内容物约 2g，用酒精棉球消毒各结扎口，放入消毒容器中，4℃立即运回实验室，在无菌操作室进行肠道内容物中微生物（大肠杆菌、沙门氏菌、乳酸杆菌、双歧杆菌）的检测。

2）小肠镜检样品的收集与保存　切开小肠于相同位置分别取长度约 1cm 的十二指肠、空肠和回肠各两段，用生理盐水将其轻轻冲洗干净；而后平铺在滤纸上将液体吸干，分别浸入 10%甲醛固定液和 2.5%戊二醛固定液中，置 4℃冰箱保存，用于光镜和电镜分析其形态结构的变化。取样部位分别为：①十二指肠：幽门后 4cm；②空肠：以十二指肠结肠韧带为标志后 10cm；③回肠：空肠与回肠交界处（回盲韧带）后 10cm。

3）胰脏　剪取整个胰脏称重，立即浸入液氮中，而后再转移到−70℃冰箱保存待测酶活性。

4）空肠黏膜样品的收集　取空肠消化道，挤出食糜，剖开消化道，用生理盐水轻轻冲洗除去肠内容物，用玻璃棒刮取空肠上段黏膜 1.0g 左右，放入塑料离心管中，立即放入液氮速冻，而后保存在−70℃冰箱待测。

5）血清的收集与保存　仔猪前腔静脉采血样于培养皿中，置 37℃下静置至血清析出，吸取血清于离心管内，3 000r/min 离心 10min，收集上清液，分装于 eppendorf 管中，保存在−70℃冰箱待测，使用 AA6501 型原子吸收光谱仪测血清中 Cu、Zn、Fe 的浓度。

6）胆汁的收集与保存　取胆囊，从中吸取 2ml 胆汁，装入 eppendorf管，浸入液氮后，再转移到−70℃冰箱保存待测 Cu、Zn、Fe 的浓度。

7）肝、肾、下丘脑组织收集与保存　猪处死后，立即取肝、肾各 10g 和全部下丘脑组织，浸入液氮后，再转移到−70℃冰箱保存待测 Cu、Zn、Fe 的浓度。

8）粪便的收集与保存　在试验结束称重前分别采集各组仔猪粪便，在烘箱中烘至恒重，粉碎混匀，存入广口瓶备用，待测 Cu、Zn、Fe 的浓度。以上所有样品的收集均在动物死后 15min 内完成。

（4）肠道菌群及 pH 的测定　按光冈氏肠内细菌菌群分析方法进行测定（李雪驼，1998）。在超净工作台中取十二指肠、空肠、回肠、结肠、盲肠内容物各 0.5g 放入无菌试管中，加入无菌稀释液 4.5ml，在磁力振荡器震荡 3～5min，此液为 10^{-1} 稀释液，然后再吸取 0.5ml 盛于 4.5ml 无菌试管中进行 10^{-2} 稀释，振荡后，再依次进行 10^{-3}～10^{-6} 倍稀释。分别将不同肠段、不同稀释度的稀释液涂抹于各培养基上（各培养基及灭菌稀释液 B 的调制方法见李雪驼，1998）。需氧菌 37℃有氧培养 18～24h 后进行菌落计数。乳酸菌和双歧杆菌分别接种于乳酸杆菌选择性培养基（LBS）及双歧杆菌选择性培养基（BS），37℃厌氧培养 48～72h 后，采用平板计数法进行菌落计数，用每克肠道内容物中细菌个数的对数（log CFU/g）表示。各稀释度设 3 个重复。根据菌群和细胞形态、革兰氏染色、耗氧性来鉴定这四种细菌。

①双歧杆菌。在 BS 培养基上为白色或黄褐色、透明、隆起的小菌落，边缘整齐。革兰氏染色为阳性。显微镜下呈紫色小杆状，呈 Y 形、V 形、弯曲形、铲状、棍棒状等多种形态。可发酵 D-核糖、L-阿拉伯糖、纤维二糖等。为严格厌氧菌。

②乳酸杆菌。在 LBS 培养基上为乳白色稍突起的小菌落，边缘不整齐。革兰氏染色为阳性。显微镜下呈紫色细小弯曲的链状或排列成栅。为兼性厌氧菌。

③大肠杆菌。在伊红亚甲蓝培养基（EMB）上呈黑色隆起带金属闪光的菌落，表面光滑，边缘整齐，有光泽。革兰氏染色为阴性。显微镜下呈两端钝圆的短杆状。为需氧菌。

④沙门氏菌。在志贺氏—沙门氏琼脂培养基（SS）上呈乳黄色隆起的中等大菌落，表面光滑，边缘整齐。革兰氏染色为阴性。显微镜下呈短杆状，菌端多发尖。为需氧菌。

同时将上述肠道样品进行 pH 测定。肠道内容物 pH 直接用 DELTA320A/C 梅特勒数显 pH 计插入到肠内容物中测定。

（5）血清、胆汁、粪便和肝、肾、脑组织中的铜、锌、铁浓度的测定　取血清、胆汁各 1ml 和烘干的粪便、肝、肾、脑组织样品各 0.5g，置电炉上炭化后，在茂福炉中 500℃干法灰化 4h。冷却后用稀酸溶解并定容，使用日本岛津产 AA-6501 型原子吸收光谱仪分别测定铜、锌、铁含量。

（6）十二指肠内容物消化酶活性测定

①样品的处理。称取一定量（0.2g）的内容物，加入4.0ml冷的生理盐水，冰水浴中匀浆，4℃、16 000g离心15min，取上清液用于测定各种消化酶活性。

②总蛋白水解酶活性测定。参照Krogdahl等（1989）方法并稍加修改。取0.4ml提取酶液加入0.1%酪蛋白的磷酸盐（pH 7.6）缓冲液2.0ml，37℃水浴精确反应10min后，加入2.0ml 10%TCA终止反应，4 500g离心20min，上清液于275 nm下测定酪氨酸的吸光度A。取0.4ml生理盐水按相同步骤处理做空白对照。酶活力单位定义为：每克内容物每分钟每增加0.1个吸光度为一个活性单位（U）。

③胰蛋白酶活性测定。参照Krogdahl等（1989）方法稍加修改。取0.9ml水加到5.0ml底物溶液中［底物溶液的配制：将43.5mg N-α-Benzoyl-DL-arginine-P-nitroanilide（DL-BAPA，Sigma）溶解在1.0ml二甲基亚砜中，再用含有0.02mol/L $CaCl_2$（pH 8.2）的0.05mol/L Tris-HCl缓冲液定容至100ml］，混合液于25℃水浴中平衡5min，随后加入0.1ml提取酶液，精确反应10min，加入1.0ml 30%醋酸终止反应。在751分光光度计410 nm处读吸光度值。酶活性定义为：每克内容物每分钟内每增加0.01个吸光度为1个活性单位（U）。

④糜蛋白酶活性测定。参照Krogdahl等（1989）方法稍加修改。1.9ml缓冲液加酶液0.1ml，25℃放置5min，加入底物1.0ml［底物配制：称取50mg底物N-Glutanyl-L-phenylalanine-P-nitroanilide（GPNA，Sigma），加1.0ml二甲基亚砜溶解，再加50ml pH7.8、含20mmol/L $CaCl_2$ 的0.2mol/L的Tris-HCl缓冲液］，37℃反应10min后加入1.0ml 30%醋酸终止反应，405nm处比色。酶活性定义为：每克内容物每分钟内每增加0.01个吸光度为1个活性单位。

⑤淀粉酶活性测定。采用南京建成生物技术有限公司提供的试剂盒，按试剂盒的说明进行测定。

⑥脂肪酶活性测定。测定方法参见B. 施特尔马赫（1992）方法。以橄榄油为底物，与阿拉伯树胶、牛磺胆酸钠、Tris缓冲液配成底物反应液。样品酶的活性通过与Sigma公司的标准脂肪酶（含酶活10 000U/g）比较后得出。在pH为7.7，温度为37℃，每小时水解甘油三酯产生1μmol脂肪酸的酶量为1个酶活性单位，用U表示。取十二指肠内容物0.5ml，加双蒸水2.0ml与27.5ml底物反应液在37℃、pH9.18条件下准确反应10min，记录NaOH的滴定用量。根据NaOH的滴定用量计算样品反应液的酶浓度，从而计算样品的酶活性。

（7）胰脏消化酶活性测定

①样品处理。称取一定量的（1.0g左右）胰脏，以1∶4（w/v）比例加入冰冷的含0.05mol/L NaCl的0.2mol/LTris－HCl缓冲液（pH 8.0）中，匀浆，4℃、16 000g离心15min。取一部分上清液直接用于测定脂肪酶和淀粉酶的活性。

②胰脏中酶原的激活。取1.0g肠激酶（Sigma，1.0 U/ml），加入上清液2.0ml，测定胰蛋白酶、总蛋白水解酶和糜蛋白酶活性。

肠激酶的配制：称取40mg肠激酶（共150 U），加入含有0.02mol/L $CaCl_2$（pH 8.2）的0.05mol/L Tris－HCl缓冲液150ml，此酶液为1.00 U/ml。

③淀粉酶活性测定。将上清液稀释1倍后按试剂盒（南京建成）说明书进行测定。

④脂肪酶活性测定。按十二指肠内容物脂肪酶所述方法进行测定。取胰腺样品液0.1ml，加双蒸水2.4ml与27.5ml底物反应液在37℃、pH9.18条件下准确反应10min，记录NaOH的滴定用量。根据NaOH的滴定用量计算样品反应液的酶浓度，从而计算样品的酶活性。

⑤胰蛋白酶总蛋白水解酶和糜蛋白酶活性测定。方法同十二指肠。

（8）空肠黏膜二糖酶的测定

①样品的处理。取空肠粘膜0.5～1.0g，加入4.0ml冷生理盐水，冰水浴中匀浆，4℃、12 000g离心15min，取上清液置于－20℃保存备用，测以下各种二糖酶的活性。

②麦芽糖酶测定。采用Has等（1983）推荐的酶偶联法（葡萄

糖氧化酶—过氧化物酶偶联法）。

③蔗糖酶的测定。方法②，以 U/g 蛋白质表示。酶活性定义为：每克蛋白质每分钟蔗糖水解的微摩尔数。

④乳糖酶的测定。采用 B. 施特尔马赫（1992）方法，以 U/g 蛋白质表示。酶活性定义为：每克蛋白质每分钟乳糖水解的微摩尔数。

测定上述酶时，每一样品均设相应的空白对照。

（9）十二指肠、空肠和回肠光镜、十二指肠电镜切片制备和显微测量。

①光镜切片制作。利用德国 Leica 组织切片整套设备，将十二指肠、回肠、空肠样品经固定、修整、脱水、切片（厚度 5μm）和 HE 染色制成切片。利用 Leica Qwin 图像分析仪进行显微测量十二指肠、回肠、空肠绒毛高度和腺窝深度。

②电镜切片制作。将十二指肠组织块投入固定液中，清洗后用梯度丙酮或乙醇脱水——塑料包埋剂包埋——标本囊——置入最终包埋剂中——包埋块修整——超薄切片——切片干燥——JOEL JEM - 1230 型（日本）电镜观察并拍照——观察微绒毛形态，并进行显微测量。

5. 数据统计　所有数据均以平均值±标准差（X±S. D）表示，采用 SAS（6. 12 版）软件中的一般线性模式（GLM）对数据进行单因素方差分析和各处理间平均值的比较，采用 Duncan's 多重比较进行差异显著性检验。

（二）结果与分析

1. 生长性能

由表 2 - 18 可得出以下结论。

①断奶后的 0～3 周，由于受断奶应激的影响，各处理仔猪平均日增重都很低，但与对照组相比，均差异显著（$P<0.05$）。断奶后 0～3周、4～6 周及试验全期平均日增重均显著高于对照组（$P<0.05$）。断奶后 0～3 周试验组平均日增重与对照组相比，依次分别提高 8.3％，7.1％，9.8％和 15.7％。

表 2-18　日粮中添加金霉素、硫酸铜和纳米载铜蒙脱石对断奶仔猪生长性能的影响（$n=8$）

	对照组	金霉素 100 mg/kg	硫酸铜 250 mg/kg	纳米载铜蒙脱石	
				0.2%	0.3%
初重（kg）	9.50±0.03	9.54±0.01	9.50±0.04	9.53±0.04	9.51±0.01
断奶后 0～3 周					
终重（kg）	17.41±0.10c	18.85±1.20b	18.64±0.55b	19.11±0.64ab	20.14±0.29a
平均日增重（g）	330.21±25.29c	389.06±49.22b	380.91±21.36b	398.61±27.01ab	442.19±12.11a
平均日采食量（g）	624.10±30.25	661.41±54.36	655.16±75.45	629.80±61.38	663.28±45.27
料重比（g/kg）	1.89±0.12a	1.70±0.12b	1.72±0.09b	1.58±0.05c	1.50±0.06d
断奶后 4～6 周					
终重（kg）	27.68±0.64c	29.69±1.68b	29.36±0.62b	30.23±0.71ab	32.36±0.58a
平均日增重（g）	552.31±30.48c	602.55±26.78b	595.60±17.91b	618.06±10.49ab	678.89±19.85a
平均日采食量（g）	1 159.85±25.31	1 108.69±59.27	1 119.73±66.58	1 100.15±84.23	1 113.38±75.42
料重比（g/kg）	2.10±0.03a	1.84±0.06bc	1.88±0.02b	1.78±0.07c	1.64±0.06d
断奶后 0～6 周					
平均日增重（g）	415.50±12.53c	469.38±38.67b	461.92±14.89b	481.20±16.71ab	545.67±13.30a
平均日采食量（g）	855.93±57.56	835.50±82.21	836.08±102.23	813.23±70.54	862.16±65.43
料重比（g/kg）	2.06±0.11a	1.78±0.08b	1.81±0.12b	1.69±0.08c	1.58±0.11d

注：同列中，右肩标有不同字母者表示差异显著（$P<0.05$）或极显著（$P<0.01$），标有相同字母或不标字母者表示差异不显著（$P>0.05$），下表同。

②饲粮中添加 0.2%和 0.3%纳米载铜蒙脱石对断奶仔猪的促生长效果尤为明显。与对照组相比，添加 0.2%纳米载铜蒙脱石的终重和日增重分别提高了 9.8%和 20.7%。添加 0.3%纳米载铜蒙脱石的终重和日增重分别提高了 15.7%和 33.9%。与添加 250mg/kg 硫酸铜组相比，添加 0.2%纳米载铜蒙脱石的仔猪终重和日增重有增高的趋势，但差异不显著（$P>0.05$）；而添加 0.3%纳米载铜蒙脱石的终重和日增重分别提高了 8.1%和 16.1%（$P<0.05$）。与金霉素组相

比，添加0.2%纳米载铜蒙脱石的终重和日增重差异不显著（$P>0.05$）；而添加0.3%纳米载铜蒙脱石的终重和日增重分别提高了6.8%和13.7%，差异显著（$P<0.05$）。

③断奶后4～6周试验组与对照组相比，均显著提高了断奶仔猪的生长性能（$P<0.05$），与0～3周的趋势一样，只是日增重增长速度高于0～3周。

④在整个试验期，添加0.3%纳米载铜蒙脱石组的料重比最低，为1.58，与对照组相比，降低了23.3%（$P<0.01$）；与硫酸铜组相比，降低了12.7%；与抗生素组相比，降低了11.2%，均差异显著（$P<0.05$）。而添加0.2%纳米载铜蒙脱石组的料重比为1.69，与对照组相比，降低了18.0%（$P<0.01$）；与硫酸铜组相比，降低了6.6%；与抗生素组相比，降低了5.1%，均差异显著（$P<0.05$）。

⑤断奶后0～3周、4～6周及试验全期每组日平均采食量与对照组相比，差异均不显著。

2. 日粮中添加金霉素、硫酸铜和纳米载铜蒙脱石对断奶仔猪腹泻率的影响

100mg/kg金霉素、250mg/kg硫酸铜和0.2%、0.3%纳米载铜蒙脱石对断奶仔猪腹泻率的影响见图2-5。由图2-5可见，随断奶

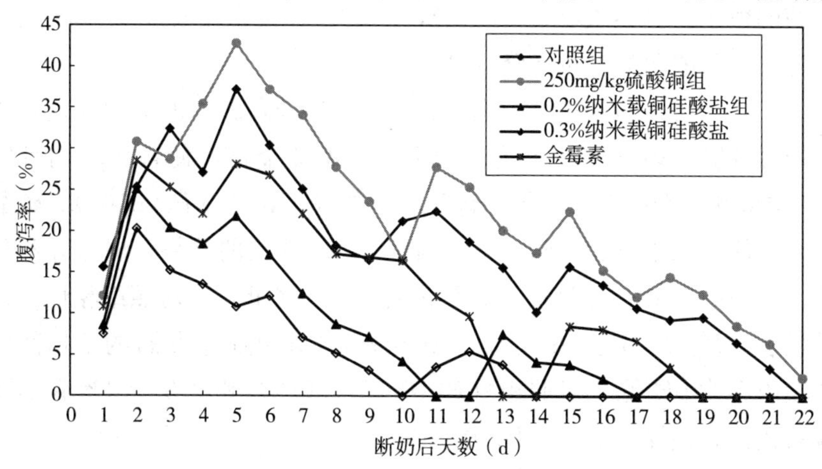

图2-5　金霉素、硫酸铜和纳米载铜蒙脱石对断奶仔猪腹泻率的影响

后日龄的增长，仔猪腹泻率逐渐降低，说明仔猪肠道发育逐渐完善。日粮中添加0.3%纳米载铜蒙脱石，显著降低了仔猪腹泻率，比对照组降低了72.0%（$P<0.01$）。添加金霉素和0.2%纳米载铜蒙脱石组也显著降低了仔猪腹泻率，分别比对照组降低了31.7%（$P<0.01$）和57.1%（$P<0.01$）。本试验中，添加250mg/kg硫酸铜组仔猪腹泻频率最高，比对照组增加了23.2%，差异极显著（$P<0.01$）。

3. 添加金霉素、硫酸铜和纳米载铜蒙脱石对断奶仔猪肠道菌群及pH的影响

日粮中添加100mg/kg金霉素、250mg/kg硫酸铜和0.2%、0.3%纳米载铜蒙脱石对断奶仔猪肠道菌群及pH的影响见表2-19。

①从十二指肠到结肠，随肠道的后移，四种菌的数量依次增加。在各肠段中，四种细菌的数量分布也不同，双歧杆菌和乳酸菌的数量显著高于大肠杆菌和沙门氏菌的数量（$P<0.05$）。

②饲粮中添加0.2%和0.3%纳米载铜蒙脱石组的仔猪肠道中双歧杆菌和乳酸菌的数量有增高的趋势，但与对照组相比，差异不显著（$P>0.05$）；但显著降低了大肠杆菌和沙门氏菌的数量（$P<0.01$）。金霉素组与对照组相比，显著降低了十二指肠、空肠和回肠中大肠杆菌和沙门氏菌的数量（$P<0.05$），对盲肠和结肠中大肠杆菌和沙门氏菌的数量影响不大（$P>0.05$），但同时金霉素使仔猪整个肠道双歧杆菌和乳酸菌的数量下降（$P<0.05$）。

③从十二指肠到结肠，内容物pH依次升高。添加不同的饲料添加剂对各肠段内容物pH的影响不同。添加金霉素使各肠段内容物pH均呈现出升高趋势，但统计学分析差异不显著（$P>0.05$）。硫酸铜组有使十二指肠、空肠、结肠内容物pH降低的趋势，但差异不显著（$P>0.05$）；但使回肠、盲肠内容物pH降低，与对照组相比，差异显著（$P<0.05$）。添加0.2%和0.3%纳米载铜蒙脱石的组均使各肠段内容物pH低于对照组（$P<0.05$）。0.2%和0.3%纳米载铜蒙脱石相比，差异不显著（$P>0.05$）。

表 2－19　日粮中添加金霉素、硫酸铜和纳米载铜蒙脱石对断奶仔猪肠道菌群（log CFU/g 肠内容物）及 pH 的影响

组别	双歧杆菌	乳酸菌	大肠杆菌	沙门氏菌	pH
十二指肠					
对照组	5.17±0.25a	5.23±0.22a	4.62±0.23a	4.51±0.24a	5.77±0.15a
金霉素组	4.86±0.28b	4.89±0.23b	3.93±0.21b	3.88±0.27b	5.83±0.28a
硫酸铜组	5.09±0.31a	5.11±0.30a	4.07±0.25b	4.03±0.25b	5.65±0.31a
0.2% MMT－Cu	5.24±0.34a	5.23±0.28a	3.85±0.24b	3.79±0.23b	5.63±0.27a
0.3% MMT－Cu	5.32±0.31a	5.38±0.26a	3.28±0.28c	3.25±0.26c	5.51±0.25a
空肠					
对照组	6.20±0.28a	6.31±0.25a	5.85±0.26a	5.13±0.26a	5.84±0.17a
金霉素组	5.82±0.24b	5.81±0.26b	5.26±0.21b	4.68±0.31ab	5.90±0.30a
硫酸铜组	6.11±0.28a	6.20±0.29a	5.21±0.27b	4.71±0.22ab	5.70±0.29a
0.2% MMT－Cu	6.23±0.28a	6.36±0.23a	4.67±0.26c	4.51±0.27bc	5.46±0.30ab
0.3% MMT－Cu	6.35±0.25a	6.44±0.24a	4.22±0.23d	4.10±0.25c	5.13±0.22b
回肠					
对照组	7.14±0.28a	7.23±0.25a	5.65±0.28a	5.42±0.23a	5.95±0.12a
金霉素组	6.85±0.24b	6.90±0.16b	4.94±0.22b	4.60±0.25b	6.04±0.14a
硫酸铜组	7.02±0.25a	7.11±0.30a	4.87±0.23b	4.76±0.28b	5.48±0.11b
0.2% MMT－Cu	7.12±0.77a	7.25±0.28a	4.58±0.19b	4.52±0.16bc	5.12±0.18c
0.3% MMT－Cu	7.28±0.21a	7.32±0.23a	4.06±0.30c	4.02±0.17c	4.87±0.16c
盲肠					
对照组	8.02±0.18a	8.21±0.22a	6.12±0.28a	5.86±0.27a	6.07±0.15a
金霉素组	7.63±0.22b	7.85±0.21b	5.86±0.27ab	5.64±0.22a	6.11±0.12a
硫酸铜组	7.89±0.19a	8.12±0.22a	5.53±0.17bc	5.21±0.18b	5.72±0.15b
0.2% MMT－Cu	8.06±0.24a	8.25±0.19a	5.37±0.21c	4.91±0.17bc	5.47±0.18bc
0.3% MMT－Cu	8.22±0.28a	8.32±0.27a	5.02±0.25d	4.56±0.27c	5.21±0.13c
结肠					
对照组	8.39±0.27a	8.95±0.24a	6.78±0.25a	6.21±0.28a	6.75±0.11a
金霉素组	8.01±0.18b	8.46±0.26b	6.54±0.27ab	6.03±0.31a	6.82±0.17a
硫酸铜组	8.25±0.26a	8.82±0.21a	6.12±0.24bc	5.98±0.26a	6.57±0.19a
0.2% MMT－Cu	8.41±0.27a	8.91±0.22a	5.48±0.26c	5.23±0.22b	6.13±0.14b
0.3% MMT－Cu	8.45±0.19a	9.02±0.19a	5.12±0.18d	5.03±0.21b	5.91±0.12b

4. 日粮中添加金霉素、硫酸铜和纳米载铜蒙脱石对断奶仔猪血清、胆汁、粪便、肝、肾、脑组织中的铜、锌、铁浓度的影响

日粮中添加金霉素、硫酸铜和纳米载铜蒙脱石对断奶仔猪血清、胆汁、粪便、肝、肾、脑组织中的铜、锌、铁浓度的影响见表2-20。由表2-20可见，添加铜250mg/kg日粮，与对照组相比，导

表2-20 日粮中添加金霉素、硫酸铜和纳米载铜蒙脱石对断奶仔猪血清、肝、肾、脑组织中铜、锌、铁浓度的影响

	对照组	金霉素组 100mg/kg	硫酸铜组 250mg/kg	纳米载铜蒙脱石组	
				0.2%	0.3%
血清（mg/L）					
Cu	1.45±0.23c	1.54±0.18bc	1.75±0.19b	1.83±0.17ab	2.01±0.15a
Zn	0.62±0.08a	0.65±0.07a	0.43±0.05b	0.61±0.09a	0.59±0.12a
Fe	2.63±0.25	2.68±0.19	2.65±0.27	2.61±0.05	2.59±0.07
肝（mg/kg）					
Cu	3.15±5.46b	14.85±3.41c	132.51±5.26a	35.10±4.26b	38.69±5.01b
Zn	81.36±17.54	77.13±21.21	75.23±25.25	81.36±16.58	87.45±20.25
Fe	287.14±15.28a	278.42±25.63a	230.31±16.26b	280.52±20.23a	274.21±14.62a
肾（mg/kg）					
Cu	9.04±2.28b	9.12±2.30b	25.23±2.07a	9.12±1.68b	9.89±2.15b
Zn	23.48±9.68	25.54±8.15	27.56±8.74	25.22±9.31	22.63±8.54
Fe	41.06±4.35	46.89±4.07	39.74±3.38	43.26±3.46	42.68±5.12
脑（mg/kg）					
Cu	20.34±2.64b	18.56±2.23b	27.61±2.86a	26.24±2.62a	29.86±2.53a
Zn	74.12±8.34	77.58±6.32	85.41±5.67	81.52±7.14	83.56±7.15
Fe	65.75±8.23	62.47±6.58	68.26±5.78	66.57±5.96	64.87±6.79
胆汁（μg/ml）					
Cu	17.31±3.85b	18.87±3.28b	41.56±2.68a	16.25±3.41b	17.86±3.21b
Zn	3.45±0.28	3.26±0.21	3.02±0.24	3.38±0.31	3.21±0.22
Fe	12.25±2.54b	14.56±2.02ab	18.51±1.65a	13.27±1.85b	14.12±2.63b
粪便（mg/kg）					
Cu	45.61±2.32	48.40±2.35	568.32±12.24	48.56±2.12	51.23±2.17

致血清铜、肝铜、肾铜、脑铜和粪便铜的浓度均显著升高（$P<0.01$），而血清中锌的浓度明显降低（$P<0.05$），铁的浓度基本保持不变（$P>0.05$）。在肾中，铁、锌含量基本没变化（$P>0.05$）。这与 Cromwell et al.（1978）和 Coffey et al.（1993）报道一致。在肝脏中，铁含量减小，锌含量升高。在脑中，脑锌含量有升高的趋势，但差异不显著；脑铁含量基本不变（$P>0.05$）。胆汁铜、铁浓度明显增加（$P<0.05$），胆汁锌浓度有降低趋势，但差异不显著（$P>0.05$）。

添加金霉素的组肝铜浓度与对照组相比明显降低（$P<0.05$），可能与抗生素会改变铜的代谢有关，但机理还有待于进一步研究。本试验结果与 Coffey et al.（1994）的研究结果一致。对其他组织中铜、铁、锌的含量影响不显著（$P>0.05$）。

添加 0.2%和 0.3%纳米载铜蒙脱石的组随日粮中铜浓度的升高对仔猪肝铜、肾铜、胆汁铜及粪便铜的浓度与对照组相比，差异均不显著（$P>0.05$）。血清铜含量随日粮中铜浓度的升高而升高，与对照组相比，差异显著（$P<0.05$）；对血清中锌、铁含量变化影响不大。肝脏、肾脏、胆汁中铁、锌的浓度与对照组相比，差异均不显著（$P>0.05$）。脑铜含量与对照组相比，差异显著（$P<0.05$）。两种浓度均使脑锌含量增加，但两者之间差异不显著；脑铁含量基本不变（$P>0.05$）。

5. 日粮中添加金霉素、硫酸铜和纳米载铜蒙脱石对断奶仔猪十二指肠内容物消化酶活性的影响

日粮中添加金霉素、硫酸铜和纳米载铜蒙脱石对断奶仔猪十二指肠内容物消化酶活性的影响见表 2－21。由表 2－21 可以看出，日粮中添加 250mg/kg 硫酸铜、0.2%和 0.3%纳米载铜蒙脱石均能显著提高十二指肠内容物中脂肪酶的活性，分别比对照组提高了 26.6%，23.1%和 33.9%，差异极显著（$P<0.01$）。对其他几种酶的活性基本无影响（$P>0.05$）。金霉素对这几种酶的活性无明显的影响（$P>0.05$）。

表 2-21　添加金霉素、硫酸铜和纳米载铜蒙脱石对断奶仔猪十二指肠内容物消化酶活性的影响　　单位：U/g

酶	对照组	金霉素组 100mg/kg	硫酸铜组 250mg/kg	纳米载铜蒙脱石组	
				0.2%	0.3%
总蛋白水解酶	34.52±2.47	35.14±2.86	36.63±2.12	36.85±2.38	36.02±2.87
胰蛋白酶	864.36±37.86	856.87±41.23	869.23±36.68	872.54±45.92	881.51±39.45
糜蛋白酶	885.46±41.25	876.57±45.75	887.21±35.89	893.42±37.68	895.27±47.25
淀粉酶	485.23±30.12	476.34±33.58	491.62±38.76	498.38±35.36	502.59±31.27
脂肪酶	49.21±2.53c	48.74±2.65c	62.31±2.36ab	60.56±2.49b	65.87±2.61a

6. 添加金霉素、硫酸铜和纳米载铜蒙脱石对断奶仔猪胰脏消化酶活性的影响

日粮中添加 100mg/kg 抗生素、250mg/kg 硫酸铜和 0.2%、0.3%纳米载铜蒙脱石对断奶仔猪胰脏中消化酶活性的影响见表2-22。由表2-22 可见，添加金霉素、250mg/kg 硫酸铜和 0.2%、0.3%纳米载铜蒙脱石对胰脏中几种消化酶活性均无明显影响（$P>0.05$）。

表 2-22　日粮中添加金霉素、硫酸铜和纳米载铜蒙脱石对断奶仔猪胰脏中消化酶活性的影响　　单位：U/g

酶	对照组	金霉素组 100mg/kg	硫酸铜组 250mg/kg	纳米载铜蒙脱石组	
				0.2%	0.3%
总蛋白水解酶	98.65±3.26	96.34±2.41	99.68±3.62	95.42±2.23	102.58±2.16
胰蛋白酶	2 081.24±120.35	2 058.17±98.65	2 075.25±115.65	2 095.63±140.24	2 087.71±121.47
糜蛋白酶	2 543.37±183.27	2 521.34±170.62	2 564.57±156.38	2 523.14±148.56	2 534.75±162.30
淀粉酶	2 346.68±145.74	2 325.71±132.25	2 313.58±150.41	2 332.63±146.76	2 339.51±135.46
脂肪酶	593.78±42.36	578.64±38.78	567.12±45.89	581.54±36.25	589.69±41.63

7. 添加金霉素、硫酸铜和纳米载铜蒙脱石对断奶仔猪空肠黏膜二糖酶活性的影响

由图 2-6a、图 2-6b、图 2-6c 可以看出，黏膜二糖酶在断奶仔猪空肠黏膜中的分布及活性是显著不同的。麦芽糖酶的活性显著高于蔗糖酶的活性（$P<0.01$），蔗糖酶的活性又显著高于乳糖酶（$P<$

0.01)。本试验结果表明，添加0.3%纳米载铜蒙脱石可显著提高麦芽糖酶、蔗糖酶和乳糖酶的活性（$P<0.05$），分别比对照组提高13.3%，28.1%和21.1%。而添加250mg/kg硫酸铜对三种酶活性有降低的趋势，但差异不显著（$P>0.05$）。添加0.2%纳米载铜蒙脱石和100mg/kg金霉素组使三种酶活性均有提高，但与对照组相比，差异不显著（$P>0.05$）。添加0.3%纳米载铜蒙脱石组与金霉素组、高铜组相比，可显著提高麦芽糖酶、蔗糖酶和乳糖酶的活性（$P<0.05$）。

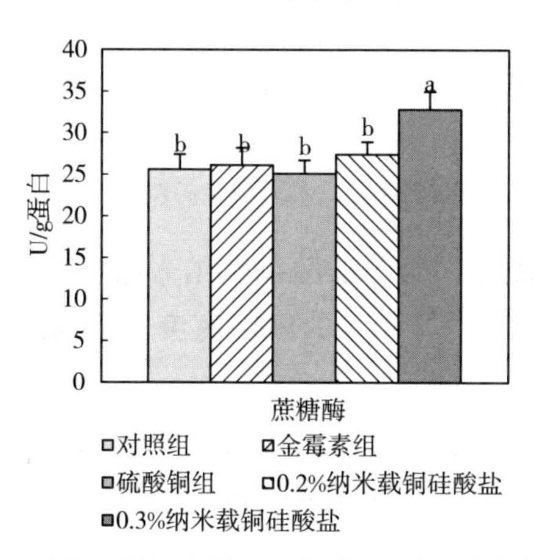

图2-6a　日粮中添加金霉素、硫酸铜和纳米载铜蒙脱石对断奶仔猪空肠蔗糖酶活性的影响

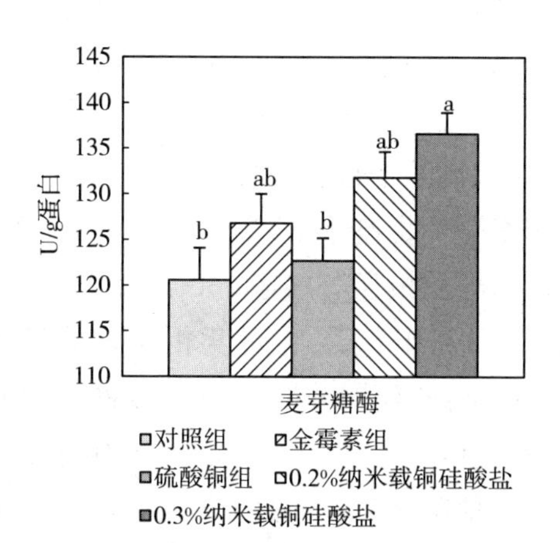

图2-6b　日粮中添加金霉素、硫酸铜和纳米载铜蒙脱石对断奶仔猪空肠麦芽糖酶活性的影响

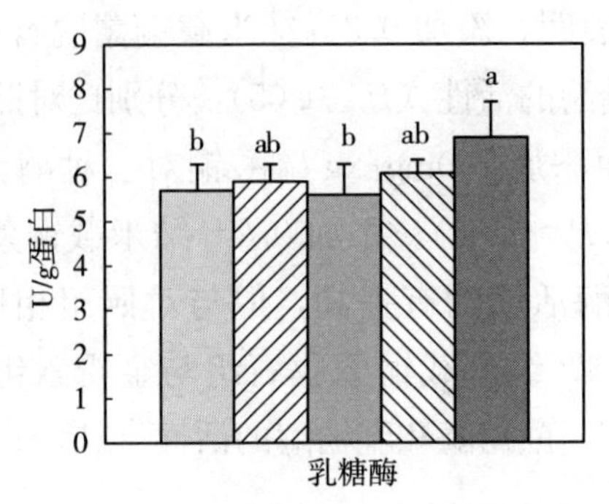

图 2-6c 日粮中添加金霉素、硫酸铜和纳米载铜蒙脱石对断奶仔猪空肠乳糖酶活性的影响

8. 日粮中添加金霉素、硫酸铜和纳米载铜蒙脱石对断奶仔猪小肠（十二指肠、空肠、回肠）的绒毛高度、隐窝深度和绒毛高度/隐窝深度的影响

日粮中添加金霉素、硫酸铜和纳米载铜蒙脱石对断奶仔猪小肠（十二指肠、空肠、回肠）的绒毛高度、隐窝深度、绒毛高度/隐窝深度的试验结果见表 2-23。由表 2-23 可知，在仔猪的不同肠段绒毛高度是不同的。从十二指肠、空肠到回肠绒毛高度依次逐渐变短。添加金霉素、高铜和纳米载铜蒙脱石组与对照组相比，均使仔猪十二指肠、空肠和回肠的绒毛高度显著提高（$P<0.01$），并显著降低了隐窝深度（$P<0.05$）。

添加 0.2%和 0.3%纳米载铜蒙脱石组使十二指肠、空肠和回肠的绒毛高度比对照组分别提高了 32.5%，26.3%，21.9%和 36.6%，31.7%，26.8%，差异均极显著（$P<0.01$）。添加 0.2%纳米载铜蒙脱石组与金霉素组和高铜组绒毛高度相比，差异均不显著（$P>0.05$）。而添加 0.3%纳米载铜蒙脱石组与金霉素组和高铜组绒毛高度相比，差异均显著（$P<0.05$）。添加 0.2%纳米载铜蒙脱石组绒毛高度与隐窝深度的比值除十二指肠外，与金霉素组相比，差异均不显著（$P>0.05$）。添加 0.3%纳米载铜蒙脱石组十二指肠、空肠、回肠绒毛高度与隐窝深度的比值，与金霉素组和高铜组相比，差异均极显著（$P<0.01$）。

表 2-23　日粮中添加金霉素、硫酸铜和纳米载铜蒙脱石对断奶仔猪小肠（十二指肠、空肠、回肠）的绒毛高度、隐窝深度和绒毛高度/隐窝深度的影响

单位：μm

项目	对照组	金霉素组 100mg/kg	硫酸铜组 250mg/kg	纳米载铜蒙脱石组	
				0.2%	0.3%
十二指肠					
绒毛高度	415.6±8.4c	534.8±12.1b	541.6±14.7b	550.7±12.6ab	567.9±10.4a
隐窝深度	304.2±5.8a	273.4±9.7b	271.2±10.6b	254.1±8.7c	242.5±8.9c
绒毛高度/隐窝深度	1.37±0.04d	1.96±0.06c	2.00±0.05c	2.17±0.08b	2.34±0.11a
空肠					
绒毛高度	352.6±17.3c	442.1±11.5b	438.2±12.6ab	445.3±18.4ab	464.2±10.6a
隐窝深度	227.5±9.5a	186.3±9.8bc	191.4±10.1b	178.6±8.8bc	170.5±8.2c
绒毛高度/隐窝深度	1.55±0.06d	2.37±0.08bc	2.29±0.12c	2.49±0.15b	2.72±0.08a
回肠					
绒毛高度	296.2±8.7c	356.4±12.3b	361.2±9.3ab	361.1±9.7ab	375.6±10.4a
隐窝深度	187.3±6.5a	152.7±8.4b	155.4±7.6b	148.9±8.2b	141.7±9.4b
绒毛高度/隐窝深度	1.58±0.04c	2.33±0.07b	2.32±0.11b	2.43±0.16b	2.65±0.09a

9. 日粮中添加金霉素、硫酸铜和纳米载铜蒙脱石对断奶仔猪十二指肠、空肠、回肠微绒毛长度的影响

添加金霉素、250mg/kg 硫酸铜、0.2%和 0.3%纳米载铜蒙脱石后对断奶仔猪空肠、回肠微绒毛长度的影响分别见图 2-7 和图 2-8。由图 2-7 和图 2-8 可知，添加金霉素、250mg/kg 硫酸铜、0.2%和 0.3%纳米载铜蒙脱石后对断奶仔猪空肠、回肠微绒毛长度均有极显著影响（$P<0.01$）。添加 0.2%和 0.3%纳米载铜蒙脱石使仔猪空肠、回肠微绒毛长度比对照组分别提高了 1.4 倍、1.32 倍和 1.96 倍、2.16 倍；比金霉素组分别提高了 75.2%、80.6%和 115.6%、137.1%，差异均极显著（$P<0.01$）。

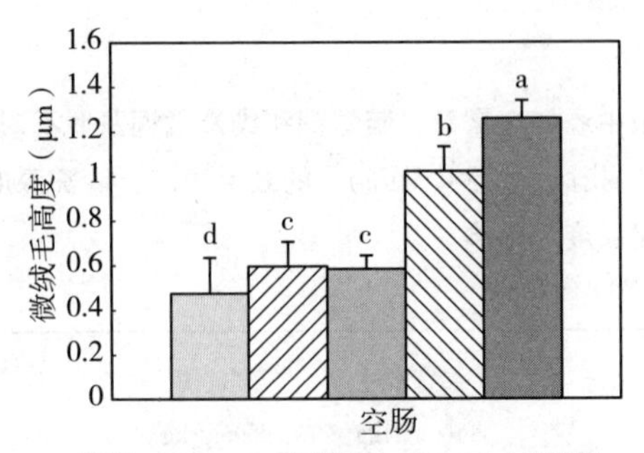

图 2-7　日粮中添加金霉素、硫酸铜和纳米载铜蒙脱石对断奶仔猪空肠微绒毛的影响

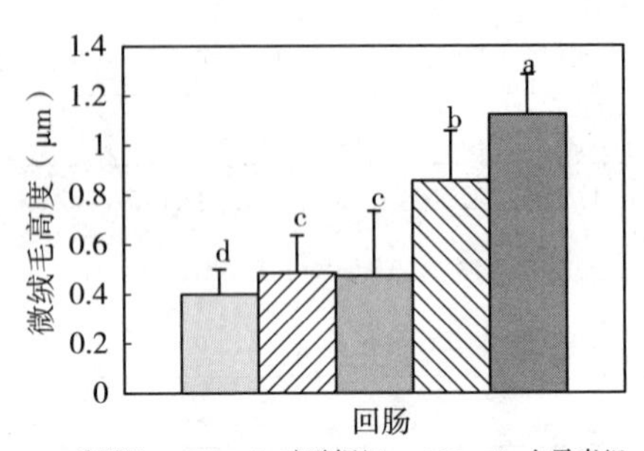

图 2-8　日粮中添加金霉素、硫酸铜和纳米载铜蒙脱石对断奶仔猪回肠微绒毛的影响

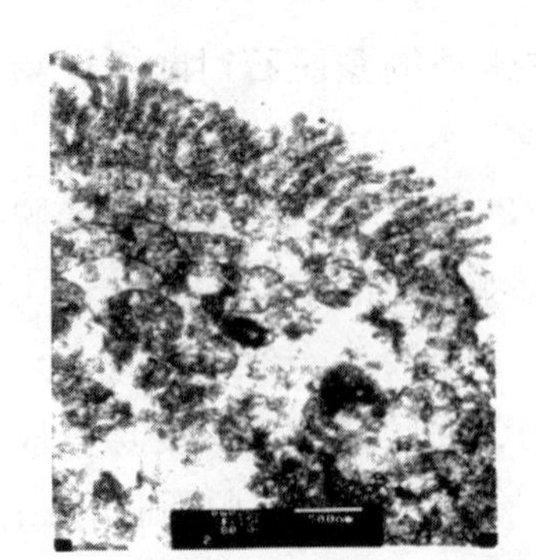

图 2-9a　添加基础日粮（对照组）对断奶仔猪十二指肠微绒毛的影响

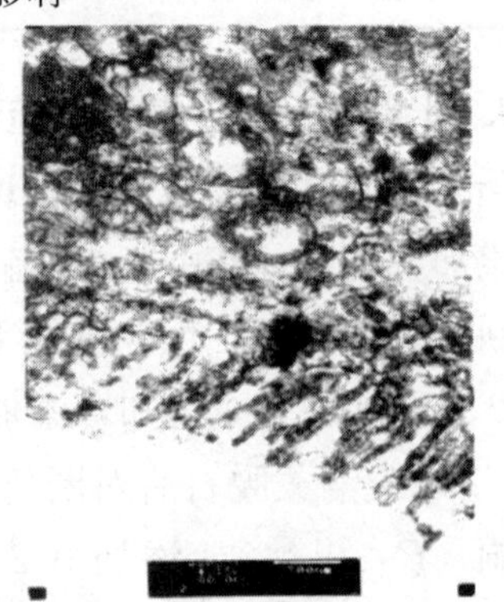

图 2-9b　添加硫酸铜对断奶仔猪十二指肠微绒毛的影响

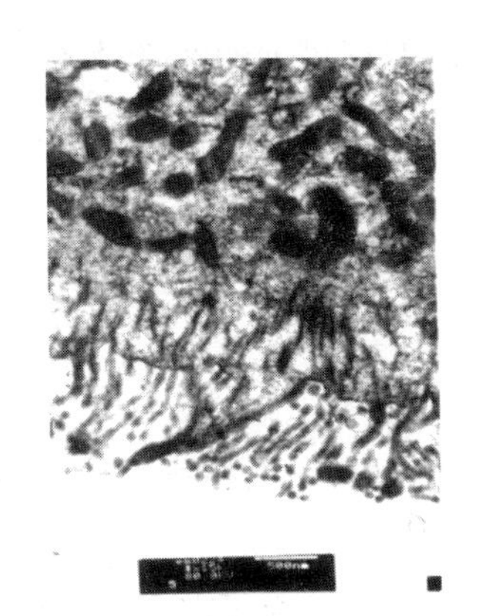

图 2-9c　添加金霉素对断奶仔猪十二指肠微绒毛的影响

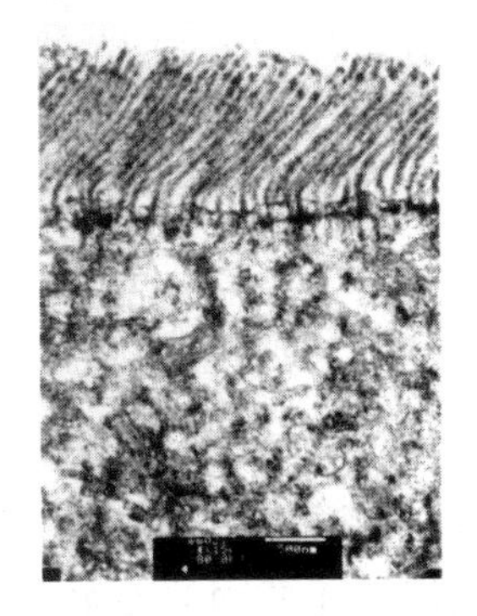

图 2-9d　添加 0.2%纳米载铜蒙脱石对断奶仔猪十二指肠微绒毛的影响

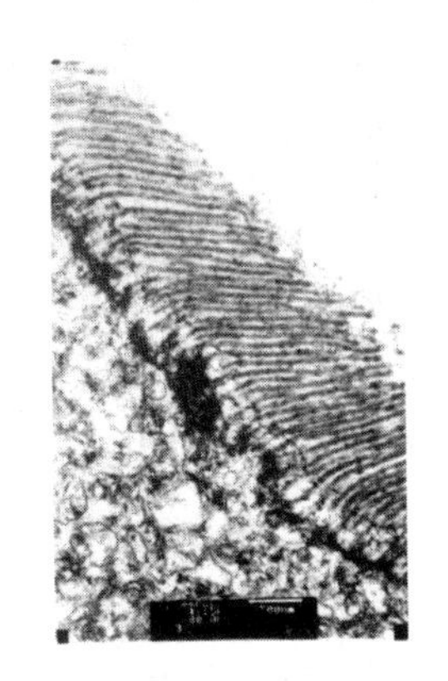

图 2-9e　添加 0.3%纳米载铜蒙脱石对断奶仔猪十二指肠微绒毛的影响

图 2-9 为日粮中添加金霉素、250mg/kg 硫酸铜和纳米载铜蒙脱石对断奶仔猪十二指肠微绒毛长度影响的透射电镜照片。a、b、c、d、e 分别代表对照组、高铜组、金霉素组、0.2%纳米载铜蒙脱石组和 0.3%纳米载铜蒙脱石组。由图 2-9 可见，添加金霉素、250mg/kg 硫酸铜和纳米载铜蒙脱石后对断奶仔猪十二指肠微绒毛长度有显著影响（$P<0.01$）。从电镜照片上可以看到：对照组的十二指肠微绒毛较短而粗，排列较整齐，长度为（833.34±0.36）μm。添加金霉素后使仔猪十二指肠微绒毛长度升高，但较松散，而且极不整齐，肠上皮细胞有较多死亡，但肠壁明显变薄，微绒毛长度为（1 041.65±0.47）μm。高铜组的十二指肠微绒毛长度升高，但排列不致密，也不整齐，长度为（1 125.0±0.62）μm。提示长期添加金霉素和高铜会对仔猪微绒毛造成损伤，因而不利于营养物质的消化和吸收。而添加 0.2%和 0.3%纳米载铜

蒙脱石的组十二指肠微绒毛长度明显升高，而且排列的非常致密，细长而整齐，高度分别为（1 416.62±0.36）μm和（1 666.58±0.72）μm，比对照组提高了70.1%和100%，比金霉素组提高了36.1%和60.2%，差异均极显著（$P<0.01$）。

（三）讨论

1. 日粮中添加100mg/kg金霉素、250mg/kg硫酸铜和0.2%、0.3%纳米载铜蒙脱石对断奶仔猪生长性能的影响

金霉素和高铜的促生长作用已由国内外许多学者研究报道（佟建明，1996；朱培蕾，1992；Brande，1967；Wallace，1968；Hays，1987）。沈建忠等（2001）研究发现，在仔猪饲粮中添加150mg/kg金霉素并不能提高仔猪的生产性能。笔者试验结果表明，日粮中添加100mg/kg金霉素可使日增重和料重比分别提高12.96%和13.5%。由此可以看出，金霉素的作用效果不一。这可能与饲养场地的卫生条件、猪的品种以及长期使用这种抗生素等有关。

Zhou等（1994b）发现高剂量铜可明显提高仔猪的采食量。程忠刚（1999）研究也发现高剂量铜可明显提高仔猪的采食量。Barber等（1995b）研究表明，添加高剂量硫酸铜对采食量无影响。Cromwell（1989）认为大多数情况下高铜对采食量影响很小。笔者试验结果表明，高铜对仔猪采食量无影响。可见，国内外高铜对采食量影响的报道不一致。这可能与环境、品种及日粮组成有关。

添加0.2%和0.3%纳米载铜蒙脱石可显著提高断奶仔猪的生长速度，日增重明显增加，饲料转化率明显提高。分析其原因是由于蒙脱石是由常量元素和微量元素的化合物组成的，大多数元素是畜禽生长必需的营养元素，因而可促进仔猪生长。Florence（1998）指出：营养物质颗粒的大小是影响胃肠道对其吸收的一个关键因素。Eldridge et al.（1996）、Damge et al.（1990）、Jani et al.（1992）也证实了这一结论。说明微粒尺寸的大小对吸收有很大的影响。Desai et al.（1992）在小鼠中的试验研究表明：100nm粒子比其他大粒子的吸收率高10～250倍。而经纳米化后的载铜蒙脱石由于粒径减小，表

面原子数剧增，从而增大了暴露在胃肠道中的表面积，因而提高对其的吸收利用率。推测其机理可能是由于纳米粒子的吸收主要发生在肠淋巴组织（如淋巴集结）（Lefevre，1985、1986、1989）。含特化 M 细胞的淋巴集结上皮细胞层证明与胞转作用有关（Pappo，1989）。肠腔中的粒子定居在 M 细胞的顶部，M 细胞具有吸附和转运大分子、颗粒和微生物能力，通过胞转作用使肠腔中的粒子被淋巴集结吸收，大大提高营养物质的生物利用度，宏观上则表现为仔猪的生长速度加快。

纳米载铜蒙脱石的结构有许多孔穴，形成的内表面积具有很强的吸附能力，对动物体有害的氨、硫化氢、二氧化碳、棉酚等极性分子吸附能力很强（张瑛，2003）；本研究也表明，纳米载铜蒙脱石对肠道病原菌也有强烈的吸附能力，这不仅对防治胃肠道疾病有作用，而且能使饲料养分充分与动物肠黏膜接触，有效地利用饲料养分，饲料转化率提高是降低养分排泄最合乎逻辑的途径，进而促进仔猪生长。

2. 日粮中添加金霉素、硫酸铜和纳米载铜蒙脱石对断奶仔猪腹泻率的影响

仔猪腹泻是一种由多种病原因素引起的疾病。常见疾病有：仔猪黄痢、仔猪白痢及早期断奶腹泻综合症等，发病率高，严重影响仔猪的生长发育，甚至引起死亡，给畜牧业造成巨大损失。腹泻时，微生态平衡遭到破坏，肠道中某些致病菌和条件致病菌大量繁殖时，免疫功能下降，出现腹泻和肠炎，使动物发病（何明清，1994）。腹泻是由多种病原因素引起的疾病，有的由大肠杆菌感染所致；有的由于应激造成肠道损伤使酶水平和吸收能力下降，食物以腹泻形式排出（宋育，1995）。断奶是仔猪生长的一个关键时期，由于食物状态、营养成分及生理状态的改变，会引起肠道菌群的调整，此时易发生菌群失调，引起仔猪下痢（Clarke，1977）。肠道微生态失调情况下，侵入的病原体在肠道内更易于定植，有的还可产生毒素而致病。

本研究结果表明，日粮中添加 250mg/kg 硫酸铜组仔猪腹泻率最高，这与彭健等（1996）和赵昕红等（1999）的研究结果一致。引起腹泻的原因可能是由于长期饲喂高铜引起仔猪铜中毒的表现症状之一。

金霉素对降低仔猪腹泻的效果不甚理想，可能与该猪场长期使用该抗生素药物，引起细菌产生耐药性有关。

日粮中添加0.2%和0.3%纳米载铜蒙脱石能显著降低仔猪的腹泻率。这是由于纳米蒙脱石是由双八面体氧化硅加单八面体氧化铝组成的2∶1型层状蒙脱石，具有表面积大、不均匀带电性、吸附能力强、持续覆盖性等特点（Albengres等，1985），因而对消化道黏膜有较强持续覆盖能力并可与黏膜糖蛋白结合产生保护膜，吸附病原菌（如病毒、细菌、真菌）及其毒素且加速其排出（冷岩等，1993），从而大大减少了病原菌及毒素对肠细胞的进一步损伤。纳米化后的载铜蒙脱石增强了这种特性。本课题体外研究也表明，纳米载铜蒙脱石具有强大的吸附肠道病原菌的能力，可在消化道形成一层保护膜，阻止外袭菌的定植，达到治愈腹泻的目的。此外，纳米载铜蒙脱石对大肠杆菌和沙门氏菌具有较强的杀灭能力（见表10-3），是其降低仔猪腹泻率的重要因素之一。因此，纳米载铜蒙脱石既有保护肠黏膜（见图10-5）、抵御外袭菌侵入的作用，又具有杀灭病原菌的作用，所以能显著降低仔猪腹泻率。

3. 日粮中添加金霉素、硫酸铜和纳米载铜蒙脱石对断奶仔猪肠道菌群及pH的影响

肠道内的微生物包括潜在致病微生物（PPM）和有益菌群，后者如乳酸杆菌和双歧杆菌。正常情况下，肠道菌群保持相对稳定，以厌氧菌为主的肠道原籍菌与肠黏膜紧密黏附，产生定植抵抗力，并借助于固有的肠黏膜屏障和肠道内的杀菌物质及免疫系统，共同防止外籍菌的黏附和定植，维持肠道内微生态环境的平衡（Molin等，1993；Johansson等，1993）。肠道固有菌群之间在长期生长过程中形成既相互依赖又相互制约的共生状态（康白等，1975）。双歧杆菌、乳酸菌、大肠杆菌和沙门氏菌为猪消化道内固有的正常菌群。正常菌群在机体免疫系统的发育、增强机体对疾病的抵御能力以及维持机体的生态平衡等方面起重要作用。但如果大肠杆菌和沙门氏菌在消化道内异常增殖，则会引起机体发病。双歧杆菌和乳酸菌是仔猪肠道正常菌群中重要的优势菌群，对于改善肠道内环境、维持正常的微生态平衡具有重要意义。

仔猪刚出生时胃肠道是无菌的，在分娩到体外的几个小时内便形成了庞大的微生物群落，定居了双歧杆菌、沙门氏菌、乳酸杆菌、大肠杆菌、肠球菌、小梭菌等。细菌分布于仔猪整个肠道中，但因局部解剖结构和生理特性的不同，寄居该部位的优势细菌种类和数量也不同。由表 10－3 可见，四种菌群随消化道的后移，数量逐渐增多。十二指肠和小肠上部微生物较少，这可能与胃酸将来自口腔及食物中的微生物杀死有关。而空肠蠕动速度较快，微生物停留时间短，因而微生物数量也较少。随消化道的下移，在回盲部有大量微生物存在，这与回盲瓣周期性开闭有关。在回肠末端由于 pH 降低，有利于专性厌氧菌繁殖。猪盲肠体积大而且有大量食靡停留，因此其中细菌群落数量大，以专性厌氧菌占优势。由于肠内容物停留时间长，有利于微生物的繁殖。

本试验研究结果表明，金霉素在杀灭有害菌的同时也对有益菌产生不良影响。金霉素对大肠杆菌和沙门氏菌的杀灭程度不及 0.2%和 0.3%纳米载铜蒙脱石，这说明细菌对其已产生耐药性。为抑制有害菌的繁殖就必需加大金霉素的用量。但又会产生一系列负面影响，如肌肉和组织中抗生素（金霉素）残留增加，而且会使微生物菌群严重失调，最终导致仔猪腹泻死亡。因此，金霉素的应用将受到严格控制。

众所周知，铜具有抗菌特性（Sollman，1957），在胃肠道内起着类抗生素的作用（Cromwell et al.，1981）。从本试验结果可以看出，添加 0.2%和 0.3%纳米载铜蒙脱石后，仔猪各肠段的双歧杆菌和乳酸菌数量有增加的趋势，但差异不显著（$P>0.05$）；使肠道中大肠杆菌和沙门氏菌的数量显著减少，肠道 pH 显著降低。低 pH 情况下可使致病菌的生长受到抑制，进而促进双歧杆菌和乳酸杆菌的繁殖（郭彤等，2004），使仔猪对营养物质的消化吸收能力增强，有利于维持肠道微生物系统处于平衡状态。本课题体外肠上皮细胞（Caco－2）培养试验已证明，纳米载铜蒙脱石是一种肠黏膜保护剂，它可均匀覆盖在肠上皮细胞表面，阻止有害菌的入侵，从而维持肠细胞的正常吸收和分泌功能。纳米载铜蒙脱石具有强大的杀菌作用，其机理笔者认为有两方面原因。其一，纳米化的载铜蒙脱石表面的正电荷能在胃肠道中大量吸附表面带负电荷的大肠杆菌和沙门氏菌；其二，存在于纳米载铜蒙脱石表面的铜离子对吸附的细菌直接进行杀灭而不是先将铜离子释放出来，再作用于病原菌。因而，纳米载铜蒙脱石的杀菌作用是静电吸附和铜离子杀菌能力协同作用的综合结果。本课题体外杀菌试验已表明，纳米载铜蒙脱石中铜离子浓度很低，不会伤害到双歧杆菌和乳酸杆菌的生长和繁殖。另一方面，添加纳米载铜蒙脱石后，降低了肠道 pH，这是由于专性厌氧菌（双歧杆菌和乳酸杆菌）在代谢过程中产生挥发性脂肪酸（VFA）和乳酸，从而抑制有害菌的生长和繁殖。这也是降低仔猪腹泻率及其他胃肠道疾病发病率的主要原因之一，也是使断奶仔猪生产性能显著提高的原因之一。

4. 日粮中添加金霉素、硫酸铜和纳米载铜蒙脱石对断奶仔猪血清、胆汁、粪便、肝、肾、脑组织中的铜、锌、铁浓度的影响

众所周知，肝脏是铜代谢的中心器官，其浓度反映了机体对其的摄入量和铜的状况。传统意义上讲，肝铜浓度越高，表明铜吸收更加有效。以往铜代谢的研究主要是利用肝脏中铜浓度来测量铜的生物利用率。肝铜含量是饲料中铜的供给和消化道对铜的吸收状况的指标（许梓荣，1991）。但许多研究表明，当日粮中铜浓度高于 250mg/kg 时肝脏铜的积累随日粮中铜浓度的上升呈线性增加；低于 250mg/kg 肝脏铜浓度无此规律（Cromwell 等，1989）。血清铜也呈现这一规律（Cromwell 等，1978）。因而肝脏铜浓度并不能准确评价铜的生物利用率。血清铜和胆汁铜含量则可较为准确地反映铜在体内的代谢状况以及饲料铜的利用率（Apgar 等，1995）。血清铜浓度随饲料铜水平增加而增加，表明饲料铜的吸收增加，体内铜的代谢过程旺盛。Apgar 等（1995）用硫酸铜和赖氨酸铜对 176 头猪（平均体重 8.3kg）进行试验，试验组（铜浓度为 100、200 和 250mg/kg）猪血清铜含量随铜浓度的升高均有提高。Hill（2000）也得到了相似的结果。相关试验还证实添加 250mg/kg 硫酸铜组的肝铜含量的变化与血清铜浓度变化是一致的（Gengelbach 等，1998；Lauridsen 等，1999）。本试验的研究结果与前人相一致。由于猪体内吸收的铜主要由胆汁分泌排出，因此胆汁铜的分泌量可相对准确地评价铜的生物利用率。由于大部分食入的铜出现在粪便中，其中大多数为未吸收的铜，因而粪便铜也能评价铜的生物利用率。

金霉素可使肝铜浓度明显降低，这可能是由于抗生素会改变铜在肝脏中的代谢的缘故，但其机理还有待进一步研究。全霉素对其他组织中铜、铁、锌的含量影响不显著，提示添加金霉素并不会影响其他组织对铜、铁、锌的吸收。

添加 0.2%（含铜量实测值为 80mg/kg）和 0.3%（含铜量实测值为 120mg/kg）纳米载铜蒙脱石使血清铜浓度增加，说明纳米化后的载铜蒙脱石使饲料铜的吸收利用率明显增加。这与纳米粒子的独特特性有关，它使营养物质与肠道的接触面积明显增大，因而对其吸收更加充分。由于血清铜浓度升高，可导致含铜酶如铜蓝蛋白、Cu－SOD 等活性增强，从而使机体排除有毒副作用的代谢产物超氧自由基的能力增强（许梓荣等，2000）。通过这条途径可改善机体内环境，进而促进仔猪的生长。

有关饲料铜含量对血清锌、铁含量的影响报道不一致。Shurson 等（1990）报道饲料铜含量较高可使血清锌增加；而 Luo 等（1996）的研究则表明，250mg/kg 铜不影响血清锌的含量；本试验表明，添加 250mg/kg 铜使血清锌含量明显下降，说明饲料中含较高浓度的铜会影响锌的吸收和利用，表明机体内铜元素在代谢和营养上与其他元素存在错综复杂的关系。而添加 0.2%和 0.3%纳米载铜蒙脱石后，试验结果表明并不影响血清锌、铁的含量。这可能是纳米粒子在体内发生的奇特变化，它引起体内一系列代谢的改变。但由于纳米粒子的研究尚处于起步阶段，具体调节机制还有待于进一步研究。

添加 0.2%和 0.3%纳米载铜蒙脱石使肝铜、肾铜、胆汁铜、粪便铜浓度随日粮中铜浓度的升高变化不明显。这就避免了由高铜产生的组织中蓄积铜并由此造成的动物脏器食用价值降低的现象。现在美国、英国等国家已不提倡使用高铜日粮。由于纳米微粒具有小尺寸效应和表面效应，当粒径减小时，表面原子数迅速增加，从而可增大暴露在介质中的表面积，提高动物对其的吸收利用率。提示对饲料原料进行纳米化处理后，可以使原料中那些动物不可缺少而又较难采食的营养成分能充分吸收，从而可最大限度地提高饲料原料的生物利用率。

许多研究表明，脑铜含量随日粮铜浓度的增加而增加（Shurson等，1990；Apgar 等，1995）。本试验结果与其不一致。研究表明，添加 0.2%和 0.3%纳米载铜蒙脱石使脑铜含量显著增加（$P<0.05$），但与 250mg/kg 铜组相比差异不显著。提示铜的促生长效果与仔猪的脑铜含量呈正相关。Labella 等（1976）体外研究表明，铜能刺激猪垂体分泌生长激素。Zhou 等（1994）发现铜能透过猪的血脑屏障在脑中积累。笔者认为，这可能是由于纳米化的载铜蒙脱石中的铜离子更容易穿透仔猪的血脑屏障在脑中沉积，因而刺激垂体细胞分泌生长激素增加所致，但其具体机制有待进一步探讨。这可能是由于纳米载铜蒙脱石具有不同于常规粒子的吸收机制的缘故。

从此试验也可看出，当添加含铜日粮时，铜在不同组织中的分布是极其不同的。而且随日粮铜浓度的改变，血清铜、肝铜、胆汁铜、脑铜和肾铜是最敏感的吸收部位。

总之，日粮中添加 0.2%和 0.3%纳米载铜蒙脱石，大大提高了仔猪对铜的吸收利用率。而且与高铜相比，显著降低铜的用量，不但可以减轻铜在肝、肾等组织中的残留以及由此引起的组织衰竭，而且可以大大减少随动物粪便排出的铜对生态和环境的污染。

5. 日粮中添加金霉素、硫酸铜和纳米载铜蒙脱石对断奶仔猪十二指肠内容物消化酶及胰脏消化酶活性的影响

仔猪在出生后 4 周龄期间，胃蛋白酶、胰蛋白酶、胰脂肪酶及胰淀粉酶活性成倍快速增长。如果 4 周龄（28 日龄）断奶，则断奶后 1 周内上述各消化酶活性大大降低。由于酶活性的下降，使得仔猪对饲料中的碳水化合物、脂肪和植物性蛋白的利用率较差，造成消化不良，最终导致仔猪腹泻。

饲料中添加 0.2%和 0.3%纳米载铜蒙脱石，其中的载体蒙脱石含有多种常量和微量元素，它们是体内酶、激素及生物活性物质的组分，能使酶、激素的活性或免疫反应发生明显变化（张瑛，2003）。铜是人和动物的必需微量元素之一，铜作为生物体许多酶的必需组分或辅助因子发挥其生理功能。肠内容物消化酶的含量反映了酶分泌与酶降解的动态平衡，所以酶活性增加主要与酶分泌加大和酶降解减少有关。肠道中消化酶主要来自胰液和小肠液。小肠液中的消化酶主要来自小肠绒毛上皮细胞的刷状缘，当绒毛刷状缘的上皮细胞脱落，细胞内的酶就进入肠腔中（张经济，1990）。乳酸菌和双歧杆菌及其代谢产物能促进动物消化酶的分泌和肠道蠕动，而大肠杆菌、沙门氏菌等有害菌能损害肠黏膜上的绒毛和微绒毛，减少消化酶的分泌（高丽松，1998）。由此可以看出，纳米载铜蒙脱石通过促进有益菌的增殖来抑制有害菌的增殖（见表 10－3），从而促进消化酶的分泌，进而提高十二指肠内容物消化酶的活性。

Dove 和 Haydon（1992）、Dove（1995）研究表明，添加 250mg/kg 硫酸铜可提高营养物质的消化率和日粮中脂肪的利用率。本研究结果也表明，添加 250mg/kg 硫酸铜、0.2％和 0.3％纳米载铜蒙脱石均可使十二指肠内容物脂肪酶活性显著增加（$P<0.01$）。这与 Luo 等（1996）报道一致。笔者认为，这是由于铜离子可能是该酶的组分或通过与该酶活性中心或其他活性部位结合，从而激活脂肪酶。而且纳米化后的营养物质粒径减小，存在于蒙脱石表面及空腔中的铜离子可与该酶全方位接触从而使酶活性提高。添加纳米载铜蒙脱石后，由于提高了脂肪酶的活性，因而对日粮中脂肪的消化利用能力增强，从而提高了对脂肪酸和脂溶性维生素的吸收，并影响其它营养物质在体内的代谢，进而促进仔猪生长。

饲料中添加 0.2％和 0.3％纳米载铜蒙脱石和高铜均未对胰脏中的消化酶产生影响。抗生素（金霉素）对断奶仔猪十二指肠内容物消化酶和胰脏中几种消化酶活性均无明显影响，致使植物源性蛋白在小肠不能充分消化，一方面导致仔猪摄入蛋白不足，影响组织器官和免疫器官的生长发育，导致免疫功能低下；另一方面，植物源蛋白在大肠被微生物过度发酵，导致腹泻。这可能是大多数条件较好的猪场仔猪腹泻的发病原因之一。

6. 添加金霉素、硫酸铜和纳米载铜蒙脱石对断奶仔猪空肠黏膜二糖酶活性的影响

动物生长速度决定于消化和吸收的场所——消化系统，小肠是食物消化吸收过程中最主要的部位。James（1997）指出黏膜消化是各种养分的最终消化阶段，肠黏膜是所有养分的最终消化场所。Uni 等（1999）也指出小肠黏膜阶段的水解过程可能是消化阶段的决定性步骤。James（1997）和 Mofan（1985）认为所有的营养物质（包括二糖）必须通过扩散或渗透作用经过相对不动水层才能被进一步消化、吸收和利用。一般情况下，碳水化合物为动物提供 45%的能量。日粮中的碳水化合物主要是多糖（淀粉和纤维素）、寡糖、二糖和单糖。动物日粮中淀粉水解的单糖可以自由通过肠上皮细胞，可被动物直接吸收。乳糖、蔗糖以及淀粉的其他水解产物包括麦芽糖、麦芽三糖和极限糊精（3～5 个 1，4－α 葡萄糖单位及 1 个 1，6－α 葡萄糖单位），不能被肠壁直接吸收，必须由黏膜二糖酶水解成单糖后吸收利用（Conkklin 等，1975；Hauri 等，1979；James，1997；Riby，1985）。因此，黏膜二糖酶在碳水化合物利用方面起至关重要的作用。没有黏膜二糖酶的存在就没有糖类物质的彻底分解，更没有单糖的吸收、转化和利用（Uni 等，1999；Siddons，1972）。

仔猪断奶后会引起二糖酶活性急剧下降，仔猪消化能力下降，从而引起腹泻（Miller et al，1986；Kelly et al，1991b）。本试验结果表明，添加 0.2%和 0.3%纳米载铜蒙脱石均使三种酶活性显著升高（$P<0.05$）。其原因一方面是由于蒙脱石中的许多微量元素和常量元素可能是二糖酶的组分，能激活二糖酶。另一方面，Cu^{2+} 对这三种二糖酶有激活作用。许梓荣等（2002）研究表明，Cu^{2+} 使蔗糖酶活性提高 100.17%，乳糖酶活性提高 64.67%，麦芽糖酶活性提高 19.39%。

而添加 250mg/kg 硫酸铜并未使三种酶活性升高。这是由于金属离子对酶活性的影响较复杂，不同浓度条件的金属离子对酶会产生抑制或促进作用。笔者分析认为，可能是长期添加高铜的饲粮使铜离子浓度过大，与酶结合后使之变性而产生抑制的结果。但有关机理还有待于进一步研究。

日粮中添加0.2%和0.3%纳米载铜蒙脱石由于激活了黏膜二糖酶，因而使淀粉水解的代谢产物能充分分解为单糖而被小肠壁迅速吸收，使养分的消化吸收速率得以提高，因而促进仔猪生长。另一方面，进入大肠的淀粉残留物减少，微生物发酵作用减小，从而减少断奶仔猪腹泻病的发生。由于纳米载铜蒙脱石进入胃肠道后在其表面形成一层有效的保护膜，因而使黏膜二糖酶分泌增加。

本试验提示，纳米载铜蒙脱石中的微量元素和铜离子可能是这三种黏膜二糖酶的组分或辅助成分，而铜离子浓度在一定范围内能激活这三种酶，如果浓度过大则使酶的活性受到抑制。因此，在生产上日粮中添加铜时应引起高度重视。

7. 日粮中添加金霉素、硫酸铜和纳米载铜蒙脱石对断奶仔猪小肠（十二指肠、空肠、回肠）**的微绒毛高度、绒毛高度、隐窝深度、绒毛高度/隐窝深度的影响**

小肠是消化道营养物质吸收和转运的主要部位。吸收是小肠绒毛及微绒毛的主要功能。因此，小肠绒毛和微绒毛形态上的变化直接反映了机体对养分的吸收状况。肠腺具有分泌能力，动物小肠黏膜结构的良好状态是养分消化吸收和动物正常生长的生理学基础（韩正康，1993）。绒毛高度与隐窝深度反映了肠道的功能状态和健康状况。绒毛高度和细胞数量呈显著相关，只有成熟的绒毛细胞才具有吸收养分的功能。因此，绒毛短时成熟细胞少，养分吸收能力低。绒毛结构改善时绒毛结构变得规则，使绒毛单位面积的细胞数量增加，消化吸收功能进一步增强。隐窝深度反映了细胞的生成率，隐窝变浅表明细胞成熟率上升，分泌功能增强。绒毛高度/隐窝深度的比值则综合反映了小肠的功能状态。比值下降，表示黏膜受损，消化吸收功能下降，常伴有腹泻病发生；比值上升，表示黏膜改善，消化吸收功能增强，腹泻率下降。而且，绒毛及微绒毛结构改善时，绒毛形状也变得非常规则，使绒毛单位面积的细胞数增加，消化吸收功能进一步增强。

Hampson（1986）、严汝南（1993）、顾宪红等（1999）研究表

明，仔猪断奶应激可使肠道黏膜萎缩，黏膜上皮绒毛变短或萎缩，隐窝变深，直接或间接导致仔猪断奶后消化和吸收功能紊乱。Mijler 等（1984）认为，饲粮应激尤其是饲粮抗原是引起肠道黏膜上皮发生变化的主要原因，同时断奶后仔猪肠道微生物区系的变化也是重要原因之一。

本试验结果表明，日粮中添加 0.2%和 0.3%纳米载铜蒙脱石均显著改善了断奶仔猪十二指肠、空肠和回肠的黏膜形态结构，使绒毛及微绒毛变长，而且排列规则、致密而整齐，腺窝深度变浅。表明添加纳米载铜蒙脱石显著改善了肠黏膜微绒毛的形态结构，从而大大增加了仔猪对营养物质的吸收能力，进而促进仔猪生长。纳米载铜蒙脱石对肠道绒毛的改善可能与降低肠道有害菌（大肠杆菌和沙门氏菌），从而降低肠道 pH，促进有益菌（乳酸菌和双歧杆菌）的生长和繁殖，使肠道菌群得以改善，进而改善肠道健康有关。而且由于纳米载铜蒙脱石非均匀性电荷分布的电负性，可对消化道内的病毒、病菌及其产生的毒素有极强的固定（使其吸入矿物层间）和抑制作用，从而增强了其覆盖肠黏膜的能力，起到保护肠黏膜防止外袭菌侵入的作用。而且体外细胞培养试验也证实纳米载铜蒙脱石具有使受损伤的肠上皮细胞修复的功能。这也证明它是一种消化道黏膜保护剂，因而增强了肠上皮细胞的吸收能力。同时因其具有膨胀性，可减缓饲料在肠道内的消化速度，尤其是经过纳米化后，增大了营养物质与肠道黏膜表面的接触面积，使其对营养物质吸收能力大大增加。因此，大大促进了仔猪生长。

（四）结论

①饲养试验结果表明，日粮中添加 0.2%和 0.3%纳米载铜蒙脱石可显著提高断奶仔猪的日增重，并显著降低料重比和腹泻率，在整个试验期的生长效果优于金霉素和高铜饲料添加剂，从而为其推广应用奠定了基础。

②添加 0.2%和 0.3%纳米载铜蒙脱石能显著降低仔猪肠道内大肠杆菌和沙门氏菌的数量，降低肠道 pH，对乳酸杆菌和双歧杆菌的

增殖有促进作用，从而改善了肠道微生态，进而促进仔猪生长和减少腹泻的发生。

③与 250mg/kg 硫酸铜组相比，日粮中添加 0.2%和 0.3%纳米载铜蒙脱石使胆汁铜、粪铜的含量显著低于高铜组。脑铜、血清铜含量与对照组相比，显著增加。对肝脏、肾脏组织中的铜含量无影响。

④日粮中添加 0.2%和 0.3%纳米载铜蒙脱石可以显著提高断奶仔猪十二指肠内容物中脂肪酶和空肠黏膜二糖酶（乳糖酶、蔗糖酶和麦芽糖酶）的活性，而对小肠内其他酶的活性和胰脏中各种酶的活性均无影响。

⑤日粮中添加 0.2%和 0.3%纳米载铜蒙脱石可以显著改善断奶仔猪十二指肠、空肠和回肠的绒毛和微绒毛高度，且使其排列整齐、致密而有序，从而使其对营养物质的吸收和利用能力大大增强。进一步证实了纳米载铜蒙脱石具有保护肠黏膜的功能。

⑥从对断奶仔猪生长性能、腹泻率、料重比以及促进有益菌的增殖、抑制有害菌的增殖以及消化酶活性和肠黏膜形态结构等几方面，都证实了纳米载铜蒙脱石作为一种功能性环保型饲料添加剂，具有良好的应用效果，是抗生素（金霉素）和高铜添加剂的理想替代品。它既避免了长期饲喂高铜导致的机体肝、肾功能下降和肉品及组织中的铜残留以及猪只食欲和采食量下降、腹泻等中毒症状，又可避免资源浪费和排泄物引起的土壤、水质二次环境污染；解决了由于长期使用抗生素（金霉素）导致的机体药物残留和细菌耐药性这一难题。从饲料成本和经济效益来讲，宜选用 0.2%纳米载铜蒙脱石。

总之，研究结果表明：饲料中添加 0.2%和 0.3%纳米载铜蒙脱石均可明显促进仔猪生长和降低腹泻率。并且添加 0.2%纳米载铜蒙脱石显著降低了铜的使用量，但促生长效果基本等同或优于添加 100mg/kg 金霉素和 250mg/kg 硫酸铜的效果。这就解决了抗生素和高铜添加剂所产生的不良后果。此纳米级饲料添加剂不存在组织残留问题，不会危害人的健康及污染环境，而且成本低，在养猪业中有广泛的应用价值。

第三部分　猪的生存基础

生存基础是指猪场与猪舍环境、保健防疫等。饲料亦应属于此范畴，其在物质基础中已述及。

环境包括的范围很广，除遗传因素以外的因素都属于环境范畴，包括外界环境和内部环境。外界环境因素可分为物理、化学、生物学和群体四个方面。物理因素有温度、湿度、光照、灰尘、地形、地势、土壤、噪声等；化学因素有气流、氧、二氧化碳、有害气体、水、土壤中的化学成分等；生物因素有饲料、有害有毒植物、媒介虫类和病原体等；群体因素有猪与猪之间的群居关系、饲养人员对猪所进行的饲养管理等。

一、猪对环境的适应与应激

外界环境因素是非常复杂的，对猪具有有利和有害两个方面的影响。环境是猪生存的基础，猪只依赖外界环境生长、繁殖、生产产品。

（一）适应

猪在适宜的环境条件下，最有利于生存和生产，但养猪生产中很难提供这种环境。环境中存在着各种对猪有害的刺激因素，环境因素在一定范围内变化，猪只处在有害刺激的情况下，通过神经和体液进行调节，发生保护性的反应，以保持机体的相对稳定，称为适应。适应环境是生物的特点之一。

1. 表型适应

当环境变化超过所要求的最适宜值时，机体将动员表型适应机构来适应环境的变化，以保障正常生命活动和机体与环境的统一，这是表型适应。猪是恒温动物，在正常情况下，无论外界温度如何变化，猪体通过自身调节，保持体温不变，天冷时靠从饲料中得到 的能量保持体温恒定，天热时靠加快呼吸和水分蒸发等保持体温恒定。当环境温度超过其适应范围时，生命活动将出现障碍，严重时会导致死亡。

2. 基因型适应

基因型适应是多世代自然选择或人工定向选择的结果。在选择过程中，那些适应的基因型被保留，不适应的基因型被淘汰，使种群得到适应性变化，有利于种群的生存繁衍。

（二）应激

猪处在有害刺激的情况下，这种有害刺激妨害机体正常机能，引起生理上和行为上反应的过程称为应激。适度的太阳照射可促进新陈代谢和促进血液循环和调节钙、磷代谢等，具有增进健康、预防和治疗疾病的作用。长时间强烈的太阳辐射，则可引起皮肤烧伤、热平衡破坏，甚至因日射病导致猪只死亡。

1. 应激阶段

应激大致分为惊恐阶段、适应阶段和衰竭阶段。惊恐阶段初为休克相表现，体温和血压下降，抵抗力降低，神经系统抑制，肌肉松弛；后转为反休克相表现，血压升高，血糖含量提高，抵抗力增强。适应阶段是对不良刺激逐渐适应，各种机能趋于正常，当停止刺激或刺激减弱，则应激反应结束。衰竭阶段是当刺激持续或加强，机体不能克服，适应能力被破坏，机能紊乱，异化作用加强，严重时引起死亡。

2. 应激因素

凡能引起猪只应激反应的因素称为应激源。如环境中的高温、低温、强噪声、高气流、低气压、高浓度的有毒和有害气体等，饲养管理因素突变（饮水不足、过饥过饱、转群、去势、预防注射等）亦可引起应激。

3. 应激对猪的影响

非强烈的应激当猪只适应后，有利于生存和生产，可提高生产水平、饲料利用率和抵抗力。强烈的和长时间的应激对猪的健康、增重、繁殖、肉质等有不良影响。猪应激后，由于肾上腺皮质激素分泌加强、性腺激素分泌异常和机体代谢加强，导致生长发育减缓或停滞，性机能紊乱，性欲降低，精液品质下降，排卵数减少，受胎率下降，胚胎死亡；肌肉组织的 pH 下降，肌肉持水力下降，造成肉质变劣。

4. 应激猪的症状

应激诊断常通过观察临床症状和行为表现、氟烷测定以及血液中有关激素、酶、白细胞及其有关成分的含量变化进行确定。低强度、长时间造成的应激，可引起猪行动缓慢，精神委顿，体重和免疫力下降，繁殖疾患等；高强度、短时间造成的应激，可引起猪只惊慌不安，食欲下降，呼吸加快，体温升高，肌肉颤抖，皮肤有红斑等。

5. 应激的预防

按操作规程实施稳定的饲养管理，保持安静和适宜的小气候条件，是预防应激的有效措施。当环境变化，如断奶、去势、转群、预防注射前，可给猪使用镇静剂（氯丙嗪、安定等）、激素（肾上腺皮质激素）、维生素（维生素 C、维生素 E 和 B 族维生素等）、微量元素（硒）、有机酸（柠檬酸、乳酸、琥珀酸等）。让猪进行适度的锻炼，以提高抗应激能力，进行氟烷测定，及时淘汰应激敏感猪，培育抗应激品系猪。

二、环境与养猪生产

猪对环境的适应能力是有限的，当环境变化超出猪的承受能力时，猪的健康和生产水平都会受到一定的影响，严重时导致死亡。

现在，养猪生产已达到相当高的水平，一头母猪年产仔 2.5 胎，年提供体重 90～100kg 的育肥猪 18～20 头，猪 5 月龄体重达 90～100kg，每千克增重消耗 2.5kg 配合饲料，出栏率在 200%以上。养猪生产达到这样高的水平，是广泛应用现代科学成就、采取综合配套技术的结果，与为猪群创造适宜的环境有着极为密切的关系。忽视猪舍的建造，不能有效控制环境，就很难克服季节变化对养猪生产的影响，“一年养猪半年长”的局面很难扭转。可见，为猪群创造良好的生存和生产环境条件，才能达到保持健康、提高生产水平和降低生产成本的目的。

三、猪对环境的要求

环境因素是非常复杂的，目前多采用舍饲养猪，舍内环境直接影响猪群健康和生产水平。环境经常以各种方式和不同途径，单独或综合地对猪体发生作用和影响。为保证猪群健康和提高生产水平，应加强对养猪环境的认识，猪对环境的适应能力是有限的，但又具有一定的适应能力。

（一）温度

空气温度是表示空气吸收或释放热量能力的物理量，气温的高低取决于空气中所含热量的多少。

1. 体热平衡

（1）体温的来源——产热　动物的体温来自体内营养物质的氧化，代谢率愈高，产热愈多。

①基础代谢产热。基础代谢常称为“饥饿代谢”，是指饥饿、休息、温度适宜、消化道没有养分可吸收情况下的产热量。这种产热消耗的能量只用于细胞代谢、心血管系统和大脑中枢神经的活动。基础代谢产热的多少与体重有关，体重越大的动物产热量越多；如按单位体重的基础代谢产热量计，则体重越大的动物产热量越少。体重与基础代谢产热量之间并非线性关系，动物的体重每增加 1 倍，基础代谢产热增加 0.75 倍，目前估计代谢体重用 $W^{0.75}$ 表示，W 代表动物的体重。

基础代谢率因性别、年龄、个体、营养状况、神经类型和内分泌机能等而不同。

②维持代谢产热。是指猪只不进行生产（体重不增减、无繁殖活动等），只进行正常生命活动情况下的代谢产热。维持代谢产热要高于基础代谢，因为维持代谢产热除包含基础代谢产热外，还包括猪自由运动、采食和饮水、环境变化而进行适应产生的热等。维持代谢的产热受多种因素的影响，如运动的多少、采食量、饲料种类和营养浓度、环境温度降低，以及打扰、受惊等，均可增加产热。维持代谢产热一般要比基础代谢产热高 70%左右。改善环境和饲养管理以减少热量消耗，可降低生产成本。

③生产代谢产热。猪所采食的营养物质，在维持的基础上增加产热量用于生长和生产产品，体内各器官、组织亦因生产使代谢活动加强、增加产热量，妊娠后期母猪的产热量明显高于空怀母猪。

（2）体温的去路——散热　猪是恒温动物，体内产热过多时须排出体外，才能维持体温恒定。将所产生的热，通过辐射、对流、传导、蒸发的方式向周围散发。皮肤具有以上四种散热机能，通过呼吸可进行对流和蒸发散热。

①辐射散热。辐射是指物体表面连续放射能量，是猪体与周围环境中位于可度量的距离内的物体之间，以电磁波形式进行的热交换。凡温度高于绝对零度的物体，进行辐射交换的结果为高温物体得热少、失热多，辐射散热量为正值；低温物体得热多、失热少，辐射散热为负值。温度相同的物体之间，交换的辐射量相等，辐射散热量为零。当周围物体的温度低于猪体温度时，猪体辐射散热量与换热物体之间的温差成正比；其还与猪体的有效辐射面积成正比，猪体的有效辐射与身体舒展或蜷缩、猪体表面的形式、被毛、皮肤绝热和光滑程度有关。猪被毛稀疏有利于夏季散热，皮下脂肪有利于冬季减少散热。

②传导散热。热传导是通过物质分子、原子及自由电子的热运动在接触面上进行的热交换。猪体的皮肤和呼吸道都有传导散热的作用，传导介质包括空气、地面、墙壁、垫草、所用设备等。呼吸道将热传给冷的吸入空气，皮肤可通过空气或与地面的接触进行传导散

热。空气是热的不良导体，传导散热的作用有限。猪体温度高于接触物的温度时，传导散热为正值；低于接触物的温度时，传导散热为负值；等于接触物的温度时，传导散热为零。以猪床为例，猪躺卧在水泥地面和铺垫草的砖地面上，传导散热量是不相同的。躺卧在导热性大、温度低的地面上，将使大量的热传给地面。

③对流散热。对流是受热物体本身的实际运动，将热由一处移至另一处。以空气为介质进行散热的主要形式是对流，皮肤和呼吸道的表面亦可发生对流的作用。猪体温度高于空气温度时，对流散热为正值；低于空气温度时，对流散热为负值；等于空气温度时对流散热为零。

当气温低于猪体温度时，对流散热量与猪体有效对流散热面积成正比，与猪体和流体间的温差成正比，与气流速度呈正相关。

④蒸发散热。通过皮肤和呼吸道表面水分蒸发而散热，每蒸发1g 水可吸收 2.43kJ 热量，蒸发散热分为皮肤和呼吸道蒸发。

猪体除鼻镜外，全身无活动汗腺，皮肤的蒸发散热主要是体内水分透过皮肤，以水汽扩散的形式进行的，称为渗透性蒸发。

猪可通过呼吸道蒸发散热，由于呼吸道黏膜经常保持湿润，水汽压大、温度高，而吸入的空气温度一般偏低、水汽压小，水分可大量蒸发而散热。在高温季节，猪以加快呼吸进行散热。

（3）体热调节　空气温度是影响猪健康和生产力的重要因素，猪是恒温动物，但恒温不是绝对的，不能总保持在同一个温度，当外界温度发生变化时或猪只进行剧烈运动、进食、饮水、消化食物等，都会引起体温的变动。

在一定范围的各种环境温度下，无论是严寒的冬季还是酷热的夏季，猪只都能通过自身调节保持体温的恒定。在夏季或冬季，动物借助于皮肤血管的舒张或收缩，增减皮肤血液流量和皮肤温度，再通过加强或减弱汗腺和呼吸或寻找较舒适的小气候环境和改变姿势等，以增加或减少热的放散来维持正常的体温，称为物理调节。在过热或过冷环境的影响下，物理调节不能维持体温恒定时，必须靠减少或增加体内营养物质的氧化，以减少或增加热的产生，称为化学性调节。

猪的体温调节受神经系统控制，通过物理形式散发体内热量和以化学形式增加体内热量进行调节。当环境温度偏低猪体感到寒冷时，神经系统将冷刺激传给丘脑下部前区的热平衡中枢，通过神经系统的控制，使血管收缩、肌肉颤抖、躯体蜷缩、猪与猪互相依偎等，以增加体内的热量和缩小散热面积；与此同时，猪的采食量增加，代谢作用加强，靠食物中各种营养物质的化学能转变为热能，以保持体温恒定。当环境温度过低时，猪体就加快食物化学能向热能的转化；环境温度过高时，猪体就延缓食物化学能向热能的转化。当物理和化学调节不能维持体热平衡时，猪的体温表现为升高或下降，热平衡破坏，引起生理机能失常，对健康和生产力造成严重影响，甚至危及生命。

（4）环境温度与猪体热平衡　猪体产热与散热是对环境适应的一种调节手段。当环境温度适宜时，猪体产热量少、散热量也少，很容易保持体温正常。在某一环境温度下，猪体产热量和散热量恰好相等，猪体不必进行体热调节即可达到热平衡，该温度称为“等热温度”。

环境温度在一定范围内变化，猪体仅靠物理调节就可以保持体热平衡时，该环境温度范围称为“等热区”（图 3-1）。

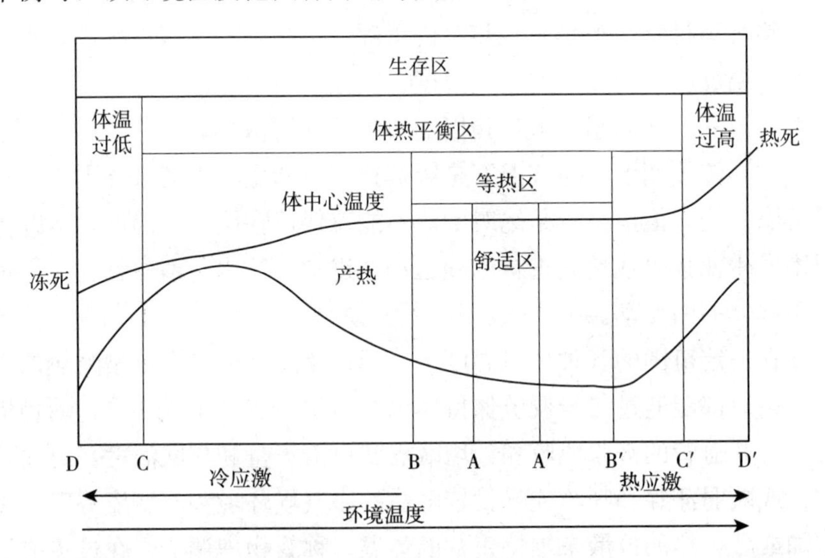

图 3-1　环境温度与体热平衡

由于影响产热和散热的因素很多且又不断变化，故等热温度只是一个理论值，当环境温度超过等热温度而升高或降低时，猪体必须进行体热调节，保持热平衡。

当环境温度在一定范围内变化，猪仅靠物理调节即可达到体热平衡时，该环境温度范围称为“等热区”，即图 B－B′。当环境温度超过 B 点继续降低时，猪仅靠物理调节减少散热不能维持体热平衡，开始通过肌肉颤抖，再通过激素和酶加强氧化，以增加产热，将开始启动化学调节的温度（即 B 点）称为“下限临界温度”；当环境温度降至 C 点（称为过低温度），猪不能控制产热，随着环境温度降低产热减少，体热平衡破坏，猪体温下降，严重时冻死（D 点）。当环境温度超过 B 点继续升高时，仅靠物理调节增加散热已不能保持体热平衡，开始通过减少采食和降低代谢强度减少产热，将开始进行减少产热的化学调节温度（B′点）称为“上限临界温度”。当环境温度升至 C′（称为过高温度）后继续升高，猪体的产热反而迅速增加，体温升高至 D′点时热死。

可见，环境温度在等热区范围内，猪仅靠物理调节即可保持平衡，用于维持的能量消耗最少，利于猪的健康和发挥遗传潜力，并获得高的饲养效益。当环境温度处于较高（B′－C′）或较低（B－C）区域时，猪体会不同程度地感到热或冷，已处于热应激或冷应激状态，在增加或减少散热的物理调节的同时，须进行减少或增加产热的化学调节，以保持体热平衡，故与等热区（B－B′）一起统称为体热平衡区（C－C′）。在冷应激或热应激的影响下，使能量消耗不同程度地增加，猪体健康状况和饲养效益有所下降。当环境温度达 C－D 区或 C′－D′区时，体热平衡破坏，应激衰竭，猪的健康和生产水平受到严重影响，最后导致死亡。

（5）猪的适宜环境温度　等热区环境温度是养猪生产最理想的，等热区环境温度称为适宜温度。猪舍小气候参数见表 3－1，供参考。

在 B′－C′或 B－C 的体热平衡区，只要不引起猪健康状况和生产水平的明显下降，可视为有益的锻炼。对较强烈的热或冷的应激，应采取必要的措施。

（6）影响等热区的因素

①品种。不同品种的猪是在不同环境条件下形成的，形态上、适

表 3-1 猪舍小气候参数

猪舍类型	空怀及妊娠前期母猪	种公猪	妊娠后期母猪	泌乳母猪	哺乳仔猪	断奶仔猪	后备猪	肥育猪（前期）	肥育猪（后期）
温度(℃)	15(14～16)	15(14～16)	18(16～20)	18(16～18)	30～32	22(20～24)	16(15～18)	18(14～20)	16(16～18)
湿度(%)	75(60～85)	75(60～85)	70(60～80)	70(60～80)	70(60～80)	70(60～80)	70(60～80)	75(60～85)	75(60～85)
换气量[m^3(h·kg)]									
冬季	0.35	0.45	0.35	0.35	0.35	0.35	0.45	0.35	0.35
春秋季	0.45	0.60	0.45	0.45	0.45	0.45	0.55	0.45	0.45
夏季	0.60	0.70	0.60	0.60	0.60	0.60	0.65	0.60	0.60
风速(m/s)									
冬季	0.30	0.20	0.20	0.15	0.15	0.20	0.30	0.20	0.20
春秋季	0.30	0.20	0.20	0.15	0.15	0.20	0.30	0.20	0.20
夏季	≤1.00	≤1.00	≤1.00	≤0.40	≤0.40	≤0.60	≤1.00	≤1.00	≤1.00
窗地比（采光系数）	1/10～1/12	1/10～1/12	1/10～1/12	1/10～1/12	1/10～1/12	1/10	1/10	1/15～1/20	1/15～1/20
照度(lx)	75(30)	75(30)	75(30)	75(30)	75(30)	75(30)	75(30)	50(20)	50(20)
噪声(dB)	≤70	≤70	≤70	≤70	≤70	≤70	≤70	≤70	≤70
微生物含量（万/m^3）	10	6	6	5	5	5	5	8	8

（续）

猪舍类型	空怀及妊娠前期母猪	种公猪	妊娠后期母猪	泌乳母猪	哺乳仔猪	断奶仔猪	后备猪	肥育猪（前期）	肥育猪（后期）
有害气体浓度									
CO_2（mg/L）	4.0	4.0	4.0	4.0	4.0	4.0	4.0	4.0	4.0
NH_3（mg/m^3）	20	20	20	15	15	20	20	20	20
H_2S（mg/m^3）	10	10	10	10	10	10	10	10	10
栏圈地面积（m^2/头）	2～2.5	6～9	2.5～3.0	4～4.5	0.6～0.9	0.3～0.4	0.8～1.0	0.8～1.0	0.8～1.0

应能力等都有差异。我国地方猪品种表现更为明显，产于南方的猪种和产于北方的猪种，在体型外貌和耐热、耐寒能力方面有明显差异。体型小的猪耐热，大型猪耐寒。

②年龄和体重。新生仔猪的下丘脑、垂体前叶和肾上腺皮质等机能已相当完善，但大脑皮层发育不全，垂体和下丘脑的反应能力以及传导结构机能尚低，其热调节机能尚不完善，体内脂肪存量很少，体表面积相对较大，对低温很敏感。随着年龄和体重的增长，等热区范围加宽。小猪怕冷、大猪怕热的说法是有道理的。

③营养水平。猪采食饲料后的产热增加称为“体增热”，体增热的数量随营养水平的提高而增加，可提供更多的能量以保障产热的需要，可使等热区下限临界温度降低，以提高猪的耐寒力，这对新生仔猪尤为重要。如仔猪出生后不能及时吃到初乳，体温恢复缓慢，可导致低血糖、昏迷，严重时死亡。成年猪和育肥猪每增加一份代谢能，一般可使下限临界温度下降 4～5℃。

④生产水平。猪采食的营养物质转化为产品，有部分营养物质转化为热，生产水平越高，生产代谢产热越多。因此，在夏季对处于生产强度较高的猪（妊娠后期、泌乳期、育肥后期），应特别注意防暑。

⑤健康状况。营养状况良好的猪等热区范围较宽，下限临界温度较低，因其体内贮积较多，皮下脂肪层厚，较耐寒。营养状况不良或体弱患病的猪等热区范围较窄，相对不耐寒。

⑥饲养管理。猪的群居环境有利于在低温下的体热调节行为，降低下限临界温度；冬季使用厚垫草养猪，可减少猪体对地面的传导热散，降低下限临界温度。冬季适当加大饲养密度和使用垫草，保持猪床干燥等，都是有效的防寒措施。

⑦其他因素。除环境因素外，湿度、气流、热辐射等对猪的等热区产生影响。在高温情况下，舍内温度高、风速低、辐射强，会降低猪的上限临界温度，使猪更不耐热；在低温情况下，舍内湿度高、风速高、辐射弱，会提高猪的下限临界温度，使猪更不耐寒。

2. 环境温度对猪的影响

环境温度是影响猪体健康和生产水平的重要因素，在猪能保持体热平衡的情况下，会使生产水平和健康状况受到一定的影响。环境温度过高或过低，体热平衡被破坏，严重时会影响生产、引发疾病或死亡。

（1）对采食量和消化率的影响　在等热区范围内，猪的采食量基本稳定。环境温度低时，因增加产热，采食量也增加；环境温度高时，猪为减少产热，采食量减少。

对饲料消化率的影响。饲料消化率受环境温度的影响与甲状腺激素的分泌有关，分泌活动与气温呈负相关。甲状腺激素可促进胃肠蠕动，在高温情况下，甲状腺激素分泌减少，使胃肠蠕动减弱，饲料在消化道内停留时间加长，提高了饲料的消化率。低温时与此相反，环境温度每下降1℃，生长猪的消化率下降0.12%～0.48%。

在等热区范围内，产热处于低水平，维持需要少，摄入的营养物质最大限度地用于生产，饲料的转化效率最高。低温环境下因需增加产热维持热平衡，降低了饲料的转化效率。高温环境下猪采食量减少，因增加散热调节使耗能增加，使饲料的转化率下降。

对氮、碳沉积和胴体组成的影响。温度越低、营养水平越低，碳沉积减少越多；高温情况下，产热减少，采食量下降，在一定程度上影响碳的沉积。氮的沉积受温度的影响较小，在低营养水平、强烈冷应激时，会减少氮沉积。在高温、低温应激情况下，碳沉积明显减少，氮沉积受影响较小，故胴体瘦肉率相对提高。将14日龄的仔猪置于不同的环境温度下，进行消化代谢测定，氮的消化率、氮的沉积率、能量沉积率均以环境温度25℃和30℃时效率最高（表3-2）。

表3-2　环境温度与氮和能量的沉积

环境温度（℃）	氮消化率（%）	氮沉积率（%）	能量沉积率（%）
10	86.1	35.4	33.9
15	87.4	36.1	39.0
20	86.6	36.1	40.6
25	88.4	37.5	41.8
30	89.2	42.9	43.3

（2）对生长和增重的影响　环境高温或低温，对猪的生存、生长和增重都有不同程度的影响。

新生仔猪由于大脑皮层发育不全，体温调节机能差，又因皮薄毛稀、皮下脂肪少、体内能源贮备有限，故对低温和潮湿的环境很敏感。环境温度对仔猪日耗奶量的影响，据报道，2 日龄的仔猪在 8.3℃ 环境下，日耗奶量 563g；7.2℃环境为 585g；环境温度下降 1.1℃，日耗奶量增加 120g。7 日龄仔猪在以上两种环境温度下，日耗奶量增加 120g。低于临界温度每降低 1℃，生长育肥猪日增重减少 17.8g；环境温度 19℃，当下降 1℃时，为达到与 21℃条件下相同的增重，每天每千克体重应多供给 1.3g 的饲料。猪在不同环境温度下的增重和饲料消耗见表 3-3。

表 3-3　环境温度对增重的影响（kg）

体重(kg)	环境温度（℃）							
	4	10	16	21	27	32	38	43
45	—	0.62	0.72	0.91	0.89	0.64	0.18	−0.06
70	0.58	0.67	0.79	0.98	0.83	0.52	−0.09	−1.18
90	0.54	0.77	0.87	1.01	0.76	0.40	−0.35	—
115	0.50	0.76	0.94	0.97	0.68	0.28	−0.62	—
135	0.46	0.80	1.02	0.93	0.62	0.16	−0.82	—
160	0.43	0.85	1.09	0.90	0.55	0.05	−1.15	—

资料来源：ION DINU，INFLUENTA MEDIULUI ASUPRA，1978　P.41

可见，体重 45～90kg 的猪，在环境温度 21℃的情况下，日增重最高；体重 135～160kg 的猪，在环境温度 16℃时日增重最高。

不同体重的猪在不同环境温度下增重和饲料利用率亦不同见表 3-4。

可见，体重 45kg 的猪在环境温度 21℃时，日增重高，每千克增重的耗料量亦少。体重 90kg 的猪 16～21℃条件下，日增重高，每千克增重耗料量亦少。

环境温度固定和突变的情况下，生长育肥猪的增重和耗料发生变化（表 3－5）。环境温度突然下降，猪的日增重下降，耗料量增加，温度突变 12 天以后，猪逐渐适应，日增重提高，耗料量下降。

表 3－4　环境温度对增重和耗料的影响

环境温度（℃）	体重 45kg		体重 90kg	
	日增重（g）	每千克增重耗料（kg）	日增重（g）	每千克增重耗料（kg）
5	420	5.20	540	9.00
10	610	4.10	712	5.00
16	716	3.20	866	3.60
21	907	2.56	966	4.00
27	893	3.11	757	5.00
32	635	4.70	400	9.50

表 3－5　环境温度突变对增重和耗料的影响

环境温度（℃）		日增重（kg）	每千克增重耗料（kg）
固定在 3℃		0.58±0.04	3.7±0.15
固定在 19℃		0.72±0.02	3.1±0.02
从 19℃突然变为 3℃	最初 12d	0.26±0.02	9.4±1.12
	13～18d	0.59±0.04	4.0±0.16
从 3℃突然变为 19℃	最初 12d	0.69±0.03	3.0±0.12
	13～18d	0.79±0.05	3.0±0.12

资料来源：同表 3－3

（3）对繁殖的影响　环境温度对母猪发情、配种、妊娠和繁殖成绩都有一定影响。环境高温是母猪繁殖力下降的主要因素之一，热应激引起性激素分泌减少，卵泡发育受阻，特别是在受精卵着床前后，是引起胚胎死亡的原因之一。高温可致母猪采食量下降，营养不足，血液大量流向外周，性器官供血不足，对繁殖亦有一定影响。据报道，7～9 月份配种的母猪，产仔数 8.1～8.8 头，明显低于其他月份配种的母猪。

环境温度26.4℃饲养的后备母猪，出现发情的日龄较饲养在5.1℃和8.4℃下的母猪提前6.0d和4.8d，胚胎死亡率分别减少5.5个百分点和5.6个百分点。饲养在26.7℃的后备母猪，受胎率高于饲养在30.0℃和33.3℃的后备母猪，分别提高4.6个百分点和5.9个百分点。饲养在26.6℃的成年母猪，受胎率比饲养在30.0℃和33.3℃时分别提高5.7个百分点和13.8个百分点。

环境温度对公猪的精液品质有一定的影响。在通常情况下，猪的睾丸温度比体温低4～7℃，有利于精子生成。环境温度过高，造成睾丸温度上升。环境温度35℃与15℃饲养的公猪，前者的射精量下降8.6%，精子数量下降11.5%，受胎率下降13.3%。

（4）运输中环境温度对猪的影响　猪在运输过程中，易造成体重下降、患病和死亡，其中环境温度是重要因素之一。夏季运输造成的损失大于其他季节。据报道，在环境温度10℃时运输，猪的死亡率为2.3%，在10～15℃时为5.19%，在15℃以上时为7.8%。夏季运输平均死亡率为5.7%，冬季为2.60%。

（5）对健康的影响　冷热应激均可导致猪的抵抗力和免疫力下降，易感染各种疫病，亦可直接引起各种疾病。高温可引起体内积热、体温升高、体内氧化作用和分解代谢加强、呼吸加快变浅、供氧不足等，极端高温可导致昏迷、衰竭而死，高温亦可引起“热射病”等。在低温情况下，可使呼吸道和消化道黏膜抵抗力下降，易患气管炎、支气管炎、消化不良、肠胃炎等，低温可使外周血管收缩，引起末梢部位冻伤。当低温导致体温下降时，造成机能衰退、血液循环失调、中枢神经麻痹等，最后死亡。

新生仔猪怕冷，对低温和潮湿环境极为敏感，从仔猪死亡统计看，冻死和压死的仔猪占死亡总数的52%（表3-6）。

表3-6　仔猪死亡原因与比例

死亡原因	占仔猪总数（%）	占死亡总数（%）
母猪压死	14.8	44.0
死胎	4.9	14.0

（续）

死亡原因	占仔猪总数（%）	占死亡总数（%）
虚弱死	1.3	4.0
冻死	2.7	8.0
母猪吃仔	1.4	4.0
下痢	0.3	1.0
各种疾病	0.5	1.0
饿死	1.8	5.0
其它	6.1	19.0
合计	33.8	100.0

3. 适宜环境温度

将环境温度控制在最适宜于猪生存和生长发育的范围内，是获得最佳增重和节省饲料的有效措施。大猪怕热、小猪怕冷，据对体重45～158kg猪的测定结果，体重小、增重快所要求的环境温度就高。可用下列公式计算出某一体重生长育肥猪所要求的适宜环境温度。

$$T=-0.06W+26$$

式中：T—最适宜的环境温度，

W—猪的体重（kg）。

体重30kg和体重60kg的猪要求的适宜环境温度为24.8℃和22.4℃。在群饲情况下，舍内温度可低于计算值。各类猪所要求的适宜环境温度见表3-9。

表3-7　各类猪适宜的环境温度

猪群类别		适宜环境温度（℃）	灯下温度（℃）
公猪和母猪		15～18	
后备公猪和后备母猪		18～21	
带仔母猪	分娩前	18～20	
	分娩期间	25～26	30～32
	分娩后1～3天	24～25	30
	分娩后4～10天	21～22	28
	分娩后11～23天	20	25

（续）

猪群类别	适宜环境温度（℃）	灯下温度（℃）
断奶仔猪	30～40日龄	21～22
	41～60日龄	21
	61～90日龄	20
生长肥育猪	30～60kg	20
	61～105kg	18

（二）湿度

1. 猪舍内的水汽

空气在任何环境温度下都含有水汽。猪舍内水汽的来源：猪体表面和呼吸道蒸发的水汽（占70%～75%），地面、墙壁、潮湿的垫草和内部设备表面等蒸发的水汽（占10%～25%），随外界空气进入舍内的水汽（占10%～15%）。空气湿度常用绝对湿度、相对湿度和露点等指标表示。

绝对湿度。指单位体积空气中水汽的含量，以克每立方米(g/m^3)表示。绝对湿度直接表示空气中水汽的绝对含量。

相对湿度。指空气中实际水汽压与同温度下饱和水汽压之比，用百分率表示。水汽压是指水汽本身所产生的压力，其值随气温的升高而增大，当大气中水汽达到最大值时，此时的水汽压称为饱和水汽压。

露点。指当空气绝对湿度和气压一定时，因气温下降，使空气中所含的水蒸气达到饱和状态而开始凝结时的温度，此时的温度称为露点。空气中水汽含量愈多，则露点愈高。

2. 湿度对热调节的影响

（1）对蒸发散热的影响　在正常温度条件下，空气湿度对畜体热调节没有影响。高温高湿环境中畜体的散热困难。

（2）对非蒸发散热的影响　在高湿环境中，由于畜体被毛和皮肤导热系数提高，降低了体表的阻热作用，低温高湿的环境较低温低湿的环境，明显增加了非蒸发散热量，使机体感到更冷。

（3）对产热量和热平衡的影响　畜体长时间处于高温、高湿的环境中，蒸发散热受到抑制，可降低代谢率，减少产热量，以维持热平衡。在低温环境中，机体可提高代谢率维持热平衡。一般情况下湿度高低对体温没有影响。但在高温时，因高湿抑制蒸发散热，可导致体温上升。

（4）对猪的影响　高湿和低湿对猪的健康和生产力都有一定的影响。

①对健康的影响。猪舍内湿度过高，使猪的抵抗力降低，发病率提高。高湿有利于各种病原菌的生存和繁殖，会使患病猪病程加重。据报道，大雨过后，日温差在10℃以上，相对湿度增加20%左右的情况下，下痢仔猪增加1～8倍。据1980年北京昌平供销社猪场的资料，两栋同样的对列封闭式猪舍，一栋猪舍相对湿度为75%，没有一头仔猪下痢；另一栋猪舍相对湿度为90%，下痢仔猪占仔猪总数的11%。由于猪舍中湿度大，导致猪血液中的血红素降低，使饲料利用率和氮沉积能力下降，对健康状况造成不良影响。饲养在相对湿度75%～85%环境中的中猪与饲养在相对湿度95%～98%环境中的中猪相比，前者氮的沉积率提高3.24%，饲料消化率提高2.95%，血红素含量提高11.5%，红细胞多9.27%。

适温高湿的情况下，易使饲料、垫草发霉；低温高湿会增加猪体热量的发散，使猪感到寒冷，易导致呼吸道疾病、感冒和风湿疾病等；高温低湿造成空气干燥，由于水分大量蒸发，易使猪的皮肤和外露黏膜干裂，易患呼吸道疾病；高温高湿妨碍水分蒸发，使猪体散热困难。在适宜的温度和湿度环境下，有助于畜舍内飞尘的下沉，保持舍内空气干净。

②对生长发育的影响。舍内湿度过高，致使饲料利用率下降，猪的增重减慢。仔猪饲养在相对湿度80%～85%与饲养在相对湿度65%～70%相比，舍内温度均控制在12～14℃，前者30日龄体重4.75kg，后者7.21kg，前者增重速度降低34.1%。据报道，将中等体重的猪分别饲养在气温相同而湿度有别的猪舍内，经4个月的试

验，相对湿度75%～85%的试验猪与相对湿度90%～95%的试验猪相比，前者日增重提高4.3%，每千克增重少消耗饲料5.0%。相对湿度由45%升高到95%，猪的日增重下降6%～8%。可见，湿度对猪的生长发育有一定的影响，高温环境的影响更大。

③对繁殖的影响。饲养在干燥光亮猪舍中的妊娠母猪，比饲养在潮湿阴暗猪舍的母猪产仔数提高23.1%，仔猪60日龄断奶窝重提高18.1%（表3-8）。

表3-8　湿度和明暗条件的饲养效果

组别	条件	窝数	初生		60日龄断奶		
			仔猪数	平均初生重（kg）	窝重（kg）	头数	生长倍数
一组	干燥光亮	3	10.67	1.12	183.5	9.33	16.55
二组	潮湿阴暗	3	8.67	1.23	155.4	8.00	14.84
一组比二组增减		数	2.00	−0.11	28.1	1.33	1.71
		值%	23.1	−8.9	18.1	16.6	11.52

（5）猪舍适宜的相对湿度　猪舍内的温度和湿度不仅互相影响，而且同时作用于猪体。封闭式无采暖设备的猪舍适宜的相对湿度：公猪、母猪、幼猪为65%～75%；生长育肥猪为75%～80%。封闭式有采暖设备的猪舍，适宜的相对湿度可比以上数值低5%～8%。

（三）其他环境因素

1. 气流

空气流动是由于不同位置空气温度不一致而引起的，热空气比重小而上升，其空间由周围的冷空气填充，因此就产生了气流。封闭式猪舍气流的形成除上述原因外，还来自猪舍门窗的启闭、通风换气、外界气流的侵入、机械运转、人和猪的走动等。

气流对猪的影响。在炎热环境中，只要气温低于体温，气流有助于猪体散热，对猪的健康和生产有良好影响。在低温环境中，气流太大，会增强猪体散热，加重寒冷对猪的影响，增加了能量消耗，使增重速度下降。据报道，气流由0.1m/s增加到0.26m/s、使体重25～

30kg 的猪散热量增加 10%。新生仔猪对气流很敏感，体重 2kg 的仔猪在风速从 0 增加到 0.6m/s 的影响相当于气温下降 4℃。3～4 周龄早期断奶的仔猪要保持低风速。仔猪在 18℃的环境中，增大风速，会使增重和饲料利率下降。在 25℃的环境中，风速 0.5～1.0m/s 对增重没有明显影响，但饲料利用率明显下降；当气温高于仔猪所要求的适宜温度，猪的采食量减少，日增重下降。可见，气流的影响决定于气温。

猪舍内应保持适宜的气流，在寒冷季节亦应注意适当通风，有利于将污浊气体排出舍外，应注意防止贼风，以免猪只局部受冷而造成疾患。

2. 有害气体

大气中的化学组成是很稳定的。猪舍内由于猪的呼吸、排泄物的腐败分解，使空气中的氧气减少、二氧化碳增加，而且产生了氨、硫化氢和甲烷等有害气体。通常情况下，虽不能达到中毒程度，但对猪的健康和生产极为不利。高浓度的氮、硫化氢等有害气体可引起猪中毒。有害气体在猪舍内的产生和积累，取决于猪舍的封闭程度、通风条件、粪尿处理方式、圈养密度等。

氮是无色具有刺激性臭味的气体，易溶于水，对人、猪的黏膜和结膜有刺激作用，可引起结膜炎、支气管炎、肺水肿、中枢神经麻痹、中毒性肝病、心脑损伤等。

硫化氢是无色、易挥发、有恶臭味的气体，易溶于水，对眼结膜和呼吸道黏膜有刺激作用，使猪的抵抗力下降，常引起结膜炎、角膜溃疡、支气管炎、中毒性肺炎等。

二氧化碳是无色、无臭、略带酸味的气体，对人和猪虽无害，但舍内二氧化碳多，说明空气污浊，氧气不足，在这样的环境下，猪精神萎靡、食欲下降、增重缓慢、体质衰弱。

一氧化碳是无色、无味的气体，难溶于水，在封闭式采用火炉供暖的猪舍，常会产生一氧化碳，易引起猪呼吸、循环、神经系统的病变或中毒。

3. 空气中的微粒和微生物

猪舍中的微粒和微生物除从舍外带入外，猪的活动、吃食、排泄以及饲养管理过程等都有微粒和微生物的产生。特别是在封闭式猪舍用干粉饲喂的情况下，舍内微粒和微生物更易产生和存活。

空气中经常夹带着各种固态或液态的微粒，直径大于 1μm 的固态微粒称为“尘”，直径小于 1μm 的称为“烟”，雾是液态的微粒。粒径大于 10μm 的微粒，由于重力作用能迅速降落至地面或物面，称此为“降尘”，粒径小于 10μm 的微粒，长时间飘浮在空气中，称为“飘尘”。微粒对空气的污染程度，取决于微粒的种类、浓度和气象条件。当风力较小、大气湍流下降、温度垂直下降、云层下降、气压较低时，空气中微粒的污染程度和对动物的危害加大。微粒降落在猪的体表上，不仅影响皮肤的散热作用，而且使皮肤发痒、发炎、干燥、破裂；微粒降落在眼结膜上，会引起结膜炎；微粒吸入呼吸道，对鼻黏膜产生机械性刺激。

空气是微生物生存的不利环境，又因太阳中紫外线具有杀菌作用，因此空气中的微生物会在较短时间内死亡。但空气中仍有各种微生物飘浮，有些是病原微生物，微粒上附着病原微生物会使猪只感染疾病。病原微生物附着在灰尘上，引起猪感染疾病，叫“灰尘传染”；猪咳嗽、喷嚏、鼻响、鸣叫等会产生大量飞沫，病原微生物附着在飞沫上，引起疾病传染，叫“飞沫传染”。猪舍空气中的微生物要比大气中多，母猪产圈每升空气中有菌落 800～1 000 个，育肥含猪舍有300～500 个。

在封闭式猪舍里，饲养密度大、通风换气差，很容易造成传染病的传播。

4. 光照

光照一般是指可见光的光照，自然光源主要是太阳，在养猪生产中人工光源有红外线灯、远红外电热板、紫外线灯、白炽灯、荧光灯等。

在猪舍中，适宜的光照对猪的生理机能调节和工作人员生产操作均很重要。有人认为，给生长育肥猪适当降低光照强度，可使增重提高 4%，饲料利用率提高 3%。适度的太阳光照，可加快机体的血液循环，促进皮肤的代谢过程，改善皮肤的营养，紫外线能使皮肤中的 7—脱氢胆固醇变为维生素 D_3，以调节钙、磷的代谢，增进健康，提高抗病能力。过度的太阳光照可破坏组织细胞、损伤皮肤、影响机体的热调节使体温升高，易患日射病，对眼睛具有伤害作用。

猪是常年发情的动物，其性腺发育和性机能活动没有明显的季节性变化，但在光照相对较强、光照时间相对较长的情况下，猪的繁殖成绩有所提高。据报道，在光照 14h、照度分别为 10lx 和 100lx 两组公猪，其射精量分别为 315ml 和 330ml，精子密度分别为 3.67 亿/ml 和 4.30 亿/ml，精子活力分别为 0.80 和 0.95。不同季节母猪的繁殖性能不同，在日照渐长、渐强的季节（夏至冬）较日照渐短、渐弱的季节（冬至夏），前者高于后者。人工控制光照的情况下，8h 和 17h 光照的母猪，分娩占交配头数的比例分别为 74%和 80%，窝产健仔数分别为 8.6 头和 10.0 头，仔猪平均初生重分别为 1.30kg 和 1.32kg，仔猪 60 日断奶重分别为 14.41kg 和 14.7kg。

5. 噪声

指物体呈不规则、无周期性振动发出能引起猪不安或有害作用的声音。声波是在单位时间内振动的次数称为频率，以赫兹（Hz）表示，每秒振动一次为 1Hz。声压是声波通过介质时所产生的压力，以帕斯卡（Pa）表示。声波的振幅越大，声压也越大。人和动物能听到和能忍受的最低和最高声压不同，其范围用声波段表示，单位为分贝（dB）。通常情况下，大于 80dB 会引起动物的应激。

舍内噪声是由外界传入、舍内机械运转产生和猪只自身产生，猪对声音的刺激相对迟钝，但突然的强烈噪声或强噪声持续时间较长，对猪的休息、采食、增重等有不良影响。仔猪对噪声相对敏感。噪声对养猪生产的不良影响日益引起人们的重视。

6. 圈养密度与群居环境

现代养猪采用集约方式饲养管理，构成了行为上的互作，对猪只造成一定的影响。饲养密度过高，可使猪的增重减慢；密度过低，可使猪的体热散失增加，影响增重。

在饲养水平和小气候相同的猪舍内，对 55 头大白猪进行观察，第一组 11 头分别饲养在个体栏内，第二组 22 头饲养在固定槽位的栏内，第三组 22 头饲养在无固定饲槽的群养栏内，经过 117d 的观察，结果见表 3-9。

表 3-9 12h 猪的行为观察（h）

组别	睡卧休息	站立与活动	采食	饮水	排泄粪尿
一	8.88	0.50	1.76	0.84	0.02
二	6.35	3.26	1.96	0.34	0.09
三	6.69	3.19	1.74	0.31	0.07

一组试猪有74%的时间为睡卧休息，站立活动占4.17%，二组和三组试猪睡卧休息分别为52.9%和55.8%，站立活动分别为27.1%和26.6%。三组试猪的增重和耗料见表3-10。

表 3-10 猪的增重和耗料

组别	平均体重（kg）		日增重（g）	每千克增重耗料（kg）
	开始	结束		
一	27.1	92.2	590	4.00
二	27.5	94.6	488	4.51
三	27.5	80.9	463	4.70

进行单独饲喂的一组试验猪，日增重比二组高102g、比三组高127g，饲料利用率分别提高13%和18%。

四、猪舍建筑与环境检测

养猪生产就是通过猪体将原料变成产品的过程，生产效益既取决于猪只本身的健康状况、遗传力、生产性能，又取决于饲喂饲料的数量和质量、饲养管理技术等，与猪只所处的环境条件密切相关。搞好猪舍建筑，改善和控制养猪环境，才能实现猪场高效均衡生产。

（一）场址选择与猪舍建筑

1. 场址选择与布局

（1）场址选择

①地势土质。应选择在地势开阔、高燥、利于通风、排水良好、

土质坚实、渗水性好、背风向阳的地方。

②水源水质。应选择在水源充足、水质良好的地方。猪场用水量大，应保证供水。猪场的饮用水要符合生活用水的水质标准。

③位置风向。建猪场应从全局考虑卫生、防疫、交通等情况。猪场应远离城市和居民区，位于居民区的下风方向；远离造纸厂和屠宰场，远离交通要道，有利于防疫，建场一定要经有关部门的批准。猪场不应建在发生过疫病的地方。

（2）猪场布局　根据地形、水源、风向等自然条件，猪场的近期和远期规划，认真搞好猪场的总体布局。猪场各建筑间安排合理，布局紧凑整齐，尽量缩短运输距离，做到利用土地经济。整个猪场最好划分为生产区、管理区、生活区和隔离区。

猪场的四周应该设围墙和防疫沟，防止场外人员和动物进入场区。

2. 猪舍建筑与设备

猪舍是猪只生存和生产的场所，对猪遗传潜力的发挥和饲养效益的提高有直接的影响。对猪舍的要求：冬暖、夏凉、通风、向阳、干燥、空气新鲜。

（1）猪舍类型　按屋顶形式分为坡式、拱式、钟楼式和半钟楼式。按猪栏的排列分为单列式、双列式和多列式。按猪舍墙和窗的设置分为开放式、半开放式、有窗封闭式和无窗封闭式等，还有各种类型的塑料大棚猪舍。各类型猪舍都有优缺点，应根据情况予以选择。

（2）饲养管理设备　先进的设备具有良好的效果，但不能单纯追求机械化和自动化程度，应根据资金、资源、人力等实际情况，做到因地制宜、讲求实效，按饲养规模和生产工艺，选择经济实用的设备。主要的饲养管理设备有猪栏和喂饲、饮水、清粪、通风、采暖、调温、卫生防疫等设备。

按猪的种类将猪栏分为公猪栏、空怀母猪栏、妊娠母猪栏、分娩栏（产仔栏）、保育栏（断奶仔猪培育栏）、生长育肥栏等。

饲喂设备包括饲料塔、饲料运送机、饲料车、食槽等。

（二）环境控制

通过对各类猪舍的保温隔热设计与精心施工，有效地进行防寒采暖、防暑降温、通风换气、防潮排水、采光照明等，以建立符合猪只生理要求和行为习性的环境，为猪群创造适宜的生存和生产环境。

1. 保温隔热

猪舍的保温隔热能力取决于建筑材料的导热性能和厚度。导热性小的材料热阻大、保温性好。容重大的材料导热系数大，潮湿的材料导热性增强。轻质材料导热性小，疏松的材料（如玻璃棉、禾草等）、颗粒材料（如锯末、炉灰等）具有良好的保温隔热能力。

2. 防寒采暖

北方冬季气温低、昼夜温差大、持续时间长、冬春季节多风，猪舍的防寒保暖非常重要。新生仔猪对低温特别敏感，从初生到3～4周龄的仔猪要求35～25℃的温度，环境突变会给断奶仔猪带来不良影响，故应对分娩舍和断奶仔猪舍进行供热采暖。

猪舍热量向外散放，主要通过屋顶、顶棚，其次是墙、地面和门窗。

（1）搞好设计和施工　屋顶面积大、失热多，应选用保温性好的材料修建屋顶，要有一定的厚度，在寒冷地区应降低猪舍的净高。墙壁应该选择导热性小的材料，用空心砖和空心墙保温效果很好。寒冷地区猪舍门应加门斗，冬季迎风面不设门、少设窗或不设窗，门窗上挂草帘。要求地面保温、坚实、平整、不透水、易于清扫，猪爱躺卧，在猪床部位用保温性好、柔软、有弹性的材料（如三合土），常用地面的评定结果见表3-11。

表3-11　猪舍地面的评定

地面种类	坚实性	不透水性	不导热性	柔软程度	不光滑程度	可消毒程度	总分
夯实土	1	1	3	5	4	1	15
夯实黏土	1	2	3	5	4	1	16
黏土碎石	2	3	2	4	4	1	16

（续）

地面种类	坚实性	不透水性	不导热性	柔软程度	不光滑程度	可消毒程度	总分
石地面	4	4	1	2	3	3	11
砖地面	4	4	3	3	4	3	21
混凝土	5	5	1	2	2	5	20
木地面	3	4	5	4	3	3	22
沥青地面	5	5	2	3	5	5	25
炉渣上铺沥青	5	5	4	4	5	5	28

（2）加强防寒管理　做好越冬的准备工作，及时维修猪舍，堵塞墙壁上的漏洞。冬季适当加大饲养密度。注意防潮，在猪床部位铺垫草，可缓和冷地面对猪的刺激，减少失热，垫草可以吸收水分，改善周围小气候状况。

（3）猪舍采暖　对分娩舍和断奶仔猪舍在冬季采用人工采暖尤为重要。人工采暖可分为集中采暖与局部采暖。集中采暖有统一的热源，主要是利用热水、蒸汽、电能等，通过管道送到舍内，对全场进行供暖。局部采暖是利用火炉、火墙、电热器、红外加热器等进行局部加温。由于新生仔猪要求的环境温度高，可在仔猪躺卧处的上部加设红外灯或在底部安装电热板，以保证母猪和仔猪所要求的适宜温度。红外灯悬挂高度不同、瓦数不同、温度亦不同（表 3－12）。

表 3－12　红外灯不同瓦数和悬挂高度下的温度

灯下水平距离（cm）		0	10	20	30	40	50
灯泡瓦数	高度（cm）	温度（℃）					
250	50	34	30	25	20	18	17
	40	38	34	21	17	17	17
125	50	19	24	18	17	16	15
	40	23	28	19	15	14	14

（4）厚垫草养猪　垫草可减少猪体向地面的传导失热，是保温、防潮、吸收部分有害气体、保持猪体清洁的措施之一。因垫草种类、干湿程度、垫草厚度的不同，效果亦不同（表 3－13）。

由表可见，垫草越干燥、柔软，保温效果越好。如在水泥地面上先铺沙土，再铺垫草，保温防潮效果更好（表 3－14）。

表 3－13　垫草的保温效果

垫草种类	垫草厚度（cm）	猪未躺过			猪躺卧后		
		圈内温度（℃）	0.5cm 处草温（℃）	增温（℃）	圈内温度（℃）	0.5cm 处草温（℃）	增温（℃）
旧苇草	15	－3.9	－1.5	2.4	－9.4	12.2	21.6
杂草	15	－3.9	－2.3	1.6	－9.4	13.6	23.0
滑秸	15	－3.9	－0.8	3.1	－9.4	15.2	24.0
玉米皮秆	15	－3.9	－3.0	0.9	－9.4	13.2	22.0

表 3－14　混合与单一垫草的保温效果

铺垫物	厚度（cm）	天气	气温（℃）	舍内温度（℃）	猪刚起卧后		猪起卧后 30min	
					铺垫物温度（℃）	高于舍温（℃）	铺垫物温度（℃）	高于舍温（℃）
小麦秸	20	晴无风	－8.0	－3.0	20	23	9	12
沙土	20	晴无风	－8.0	－3.0	18	21	6	9
麦秸和沙土	20	晴无风	－8.0	－3.0	22	29	11	14

3. 防暑降温

从生理上看，家畜一般比较耐寒怕热，在养猪生产方面常有小猪怕冷、大猪怕热之说，高气温给养猪生产带来的损失愈来愈引起人们的重视。南方夏季气温高，持续时间长，昼夜温差小，太阳辐射强度大，降雨多，相对湿度大，应注意猪舍的防热降温。在生产中多采用免受太阳辐射以及增加传导散热、对流散热和蒸发散热等办法进行防暑降温。

（1）搞好隔热设计　夏季导致猪舍过热的原因主要是气温高、太阳辐射强度大以及猪只自身产生的热在舍内的积累。屋顶应选用隔热材料和正确合理的结构，用导热系数小的材料加强隔热。如选用几种材料构成多层结构的屋顶，屋顶最下层用导热系数小的材料，中层为蓄热系数较大的材料，上层为导热系数大的材料，当屋顶受太阳照射变热后，热传到中层蓄积起来，可缓和热量向舍内的传播；当晚上天凉时，中层蓄积的热，可通过上层导热系数较大的材料层散失。要根据当地气候特点与材料性能确定屋顶的厚度。

应充分利用空气的隔热特性，其导热系数小，不仅用于保温材料，而且具有吸收、容纳热量和受热后因密度发生变化而流动的特点，常用于防热材料。空气用于屋顶隔热是将屋顶修成两层，中间的空气可以流通，将热能带走而降低温度。夏季炎热地区需设置顶棚时，一定要处理好顶楼的通风。

在夏热冬冷的地区，必须兼顾冬季保温和适宜的隔热要求，既有利于冬季保温又有利于夏季防暑。利用新型材料结构的组装式畜舍，冬季组成封闭式舍保温，夏季改装成半开放舍。在炎热地区全封闭式猪舍的墙应按屋顶隔热的要求设计，特别是受太阳强烈照射的西墙，应用导热性的材料，并要求有一定的厚度。

（2）遮阳　一切可以遮断太阳辐射的措施称为遮阳。在猪舍周围植树，在舍外或屋顶搭凉棚，在窗户上设置遮阳板以遮挡太阳光对猪舍的影响。要将猪舍的遮阳、采光和通风整体考虑，妥善处理。

（3）绿化　猪场绿化具有净化空气、防风、改善小气候状况、美化环境、缓和太阳辐射、降低环境温度的作用。绿化降温作用，主要是通过植物的蒸腾作用和光合作用，大量吸收太阳的辐射以降低气温；通过植物的遮阳，以降低辐射；通过植物根部所保持的水分，吸收地面的热能而降温。

（4）通风换气　猪舍通风换气是控制环境的重要手段，在气温高的情况下，通过加大气流，可缓和高温对猪的不良影响。在封闭猪舍，通风可引进舍外的新鲜空气，排出舍内的污浊空气，改善舍内空气质量。

猪舍的通风换气应注意：能排出过多的水汽，使舍内的相对湿度保持适宜；维持适宜的气温，不能引起温度剧烈变化；气流应稳定，舍内气流要均匀；能清除舍内空气中的灰尘、微生物和有害气体；防止水汽在墙壁、天棚表面凝结。猪舍通风可采用自然通风或机械通风。

（5）增强反射能力　为了防热，可将屋顶和墙壁表面刷白，以增强对太阳辐射热的反射能力。

（6）降温　当气温接近或超过猪的体温时，可采取降温措施缓和高温对猪的影响。蒸发降温（包括猪体蒸发降温和环境蒸发降温）简便易行。接触冷却降温，即让猪在水中打滚或水浴，失去一部分体热而降温，要经常洒水，保持清洁和冷却作用。蒸发冷却降温，在猪舍地面、屋顶洒水，靠水分蒸发吸热而降温；向猪体洒水，随水分蒸发带走一部分热能。喷雾冷却降温，在猪舍内将水喷成雾状，以降低空气温度，在送风前进行效果更好。

4. 通风换气

在高气温的情况下，通风换气可缓和高温对猪的不良影响，可排除舍内的污浊空气。

（1）自然通风　是靠刮风或舍内外温度的差异实现的，分为风压通风和热压通风。风压通风风从迎风面的门、窗或洞口进入猪舍，从背风面和两侧墙的门、窗或洞口穿过；热压通风是由于舍内气温高于舍外，舍外空气从猪舍下部的窗、洞口或缝隙进入舍内，舍内的热空气从猪舍上部的窗、洞口或缝隙被压出舍外。

（2）机械通风　分为负压通风、正压通风和联合通风。负压通风又叫排风，用风机把舍内的空气抽到舍外，使舍内的气压低于舍外而形成负压，舍外的空气从屋顶或对面墙上的进风口进入舍内；正压通风又叫送风，安装在侧墙上部或屋顶的风机，强制将风送入舍内，舍内的气压高于舍外，将舍内的空气压出舍外；联合通风是同时用风机进行送风和排风，在炎热地区，可将进气口设在低处，排气口设在猪舍的上部，利于通风降温。将进气口设在猪舍上部、排气口设在低处，可避免冷空气直接吹向猪体。

5. 防潮排水

潮湿是影响养猪环境的重要因素，猪粪尿排出量大，饲养管理所产生的污水多，易导致舍内潮湿。合理设置排水系统，及时清除粪尿和污水是防潮的重要措施。

（1）传统的清除粪尿的设施　主要包括粪尿沟、排出管和粪水池等。粪尿沟要求不透水，能使尿和污水顺利排走。降口（粪尿沟与地下排出管衔接的部分）既要便于液体淌过，又可阻止固态物的通过，应设坚固的铁箅。地下排出管应与粪尿沟垂直，有一定斜度。粪水池应设在舍外地势较低的地方，粪水池不能透水。

（2）漏缝地面　其下直接是贮粪池或粪沟，封闭式猪舍采用漏缝地板，易造成舍内湿度过高、空气污浊，应从设计和通风方面协调考虑。应及时清除漏缝地板的粪尿，可采用机械刮板和水冲两种形式清除。

（3）厚垫草　利用厚垫草饲养可改善猪床的状况，具有吸水和吸收有害气体的作用。

6. 采光照明

在开放式或半开放式和有窗猪舍，主要靠自然采光，必要时辅以人工光照；在无窗猪舍要靠人工光照。人工光照是以电灯为光源。自然光照与猪舍方位、窗户面积、舍外情况、太阳入射角和透光角的大小、舍内反光等有一定关系。太阳入射角和透光角越大，越有利于采光。入射角是猪舍地面中心点到窗户上缘所引直线与地面水平之间的夹角，入射角一般不应小于25°。透光角是猪舍地面中心点向窗户上缘和下缘引出的直线所形成的夹角，透光角一般不应小于5°。

五、猪的保健与疫病预防

猪的保健与疫病预防是养猪生产的关键环节之一。猪病严重影响养猪业的发展，会造成巨大的经济损失，尤其是传染病、寄生虫病的发生和发展，对猪只的危害很大。应加强对猪病危害性的认识，建立健全防疫体系建设。因此，现代养猪比传统养猪受到疫病的威胁更大。要认真做好猪群的保健工作，保持猪群的健康水平，切实搞好疾病的预防。

（一）对疾病的认识

1. 疾病

疾病是机体与外界致病因素相互作用而产生的损伤与抗损伤的一

个复杂的过程，可能使其生命活动发生障碍和经济价值降低。

对疾病的理解必须注意到：第一，疾病的发生是机体与外界致病因素相互作用产生的，单纯地或片面地强调一方面是不全面的。第二，疾病是损伤与抗损伤两个方面，当机体与外界致病因素相互作用时，机体首先动员防御系统消除致病因素，若致病因素被消除，机体可恢复健康；如防御系统被致病因素破坏，机体重新组织防御力量与病因抗争，消除病因后机体可恢复健康；如机体丧失抗争能力，就会发生疾病，甚至引起死亡。第三，疾病是一个过程，包括发生、发展和转归。第四，疾病可导致猪的经济价值降低。

2. 病因

任何疾病都是由于有机体与环境的相互关系发生障碍而引起的，凡引起疾病的外界因素称为外因，内因是指有机体本身的因素，外因通过内因才能起作用。内因是指遗传、体质、反应及免疫状况等。外因包括机械性的（打、压、刺、钩、咬等）、物理性的（温度、湿度、气流、气压、辐射、光照、热、声音等）、化学性的（氧、二氧化碳、一氧化碳、氢、硫化氢等）、生物性的（细菌、病毒、真菌、寄生虫等）、饲养管理（营养、管理条件等）。

疾病的发生是致病因素（外因）和机体（内因）共同作用的结果。我们不但要找到致病的因素，也要分析猪只的体况，改变发病条件，创造有利于猪只恢复健康的条件，才能很好地预防和控制疾病。

3. 疾病的发展阶段

疾病在发展过程中，有一定的规律性和阶段性，按疾病的发展过程分为四个阶段。

（1）潜伏期　从致病刺激物侵入机体或对机体发生作用起，到机体出现反应开始呈现症状的阶段为潜伏期。特别是传染病的潜伏期有长有短，掌握潜伏期的长短，对制定防制措施、扑灭疾病有重要作用。

（2）前驱期　从疾病出现最初症状到主要症状开始出现的阶段为前驱期，主要是指非特征症状，如精神沉郁、食欲不振、体温升高等。

（3）明显期　疾病的典型症状表现出来，并伴有较大的机能改变。

（4）转归期　指疾病的结束阶段，表现为痊愈、不完全痊愈和死亡三种结局。

4. 疾病的分类

按照疾病发生的原因分为传染病、寄生虫病和普通病。

（1）传染病　由致病微生物入侵机体并在机体内繁殖所引起的疾病。如猪瘟、猪丹毒、猪肺疫等。

（2）寄生虫病　由各种寄生虫（原虫类、线虫类、节肢动物类等）侵入机体或侵害机体表面引起的疾病，如猪蛔虫病、绦虫病、弓形虫病、疥螨病等。

（3）普通病　由一般致病因素、营养物质缺乏或过量引起的疾病。如外伤、胃肠炎、维生素缺乏等。

（二）传染病和寄生虫病的概念

凡由生物性病因引起的疾病称为疫病。疫病的病因是具有生命的，并具有生长、发育、繁殖等特性。这类疾病能在群体中散布，在群体中流行，危害极大。

凡由病原微生物引起的疾病称为传染病。凡由寄生虫引起的疾病称为寄生虫病。

1. 传染病的病原体

自然界中的微生物，大多数对人和畜禽是有益的，仅部分微生物对人和畜禽有害。有害微生物因能致病故称病原微生物或病原体，种类繁多，包括细菌、病毒、立克次体、螺旋体、支原体、衣原体、放线菌、真菌等。

（1）细菌　细菌是用眼睛看不到的一个生物群，大小只有几个微米（μm），基本结构为球状、杆状、螺旋状等。为单细胞结构，没有叶绿素，以二等分裂进行繁殖。细菌有完整的细胞结构，还有一些特殊结构，特殊结构有纤毛、荚膜，有些在一定条件下还可产生芽孢。

在临床上常用革兰染色法将其分为两大类，即革兰氏阴性和阳性。它们对抗生素的敏感度有差别，如葡萄球菌为革兰阳性菌，对青霉素敏感；大肠杆菌为革兰阴性菌、对氯霉素敏感。

（2）病毒　病毒不具有完整的细胞结构，没有独立的酶系统，不能在无生命的人工培养基生长，有严格的寄生性。病毒很小，用纳米（nm）计量，只有借助电子显微镜才能看到。每一种病毒只有一种核酸，核糖核酸（RNA）或脱氧核糖核酸（DNA），有些病毒可在感染细胞胞浆内形成包含体，包含体是病毒集团或是被感染细胞的不正常代谢产物，经染色后，可在普通的显微镜下观察到。

由于病毒不能在无生命的培养基上生长、繁殖，故其分离培养采用动物培养法、鸡胚培养法和组织培养法。一般病毒对热的抵抗力不强，对寒冷有很强的抵抗力，大多数病毒在50%的中性甘油生理盐水中可保存数月之久，大多数的病毒对碱液都较敏感，氧化剂对病毒有灭活作用，而还原剂半胱氨酚有保护作用，甲醛可灭活病毒，抗生素（青霉素、链霉素、土霉素等）和磺胺类药物对病毒无杀灭作用。由病毒引起的传染病很多，最常见的有猪瘟、猪口蹄疫、猪水疱病、猪传染性胃肠炎等。

（3）真菌　病原真菌中许多为腐生或寄生生活，有细胞结构，进行孢子繁殖，有的有分枝称为菌丝。在临床上常见的真菌病是猪霉玉米中毒（主要霉菌为红色青霉菌和黄色曲霉菌）。

（4）支原体　支原体是介于细菌与病毒之间的一种微生物，常常引起畜禽的慢性呼吸道疾病和关节炎，在猪群中常见的为猪喘气病。

2. 病原的传播

病原微生物常常随着患病动物的分泌物、排泄物以及病死畜禽尸体而散布于自然界中，成为很多传染病的传染源。很多病原体存在于土壤中，由于土壤中含有丰富的水分、盐类及有机物等，均可保存病原体。水源被患传染病的畜禽污染，水中就有病原体的存在。患传染病畜禽呼出的气体、鼻涎喷沫污染空气，通过空气流动成为传染源。患病畜禽、饲养用具及其人员均可携带并传播病原，引起疫病的扩大和蔓延。

3. 机体的防御机能

具有一定毒力和数量的病原体侵入畜禽机体，不一定会引起传染病，还要看机体与病原体之间的斗争，要看畜禽机体的抵抗力（免疫力）强弱。畜禽机体的防御机能主要是非特异性免疫和特异性免疫。

（1）非特异性免疫　非特异性免疫又称先天性免疫，是畜禽由祖先遗传而来，这种天然的防御屏障由生理特性和解剖结构所决定。对任何一种病原均以同一种方式抵抗，故称非特异性。皮肤、黏膜能使机体与外界环境隔开，皮脂腺、黏液及黏膜上运动的纤毛能杀死和排除病原异物；体内的淋巴网系统可吞噬病原微生物；机体的炎症反应，正常体液中的抗微生物作用，以及血脑屏障、胎盘屏障能阻止病原通过等，都属于非特异性免疫。

（2）特异性免疫　特异性免疫又称获得性免疫，是畜禽机体由于接触某些微生物或人工接种某种疫苗后，所获得的抗感染能力，只对刺激产生免疫力的这一特定的微生物发生免疫作用，所以是特异性的。

这种免疫力主要靠畜禽机体产生的特殊免疫物质起作用，凡能刺激畜禽机体产生免疫作用的物质称为抗原。抗原具有高度的特异性，能刺激畜禽机体产生相应的免疫物质，即甲抗原刺激机体只能产生甲免疫物质，所产生的这种免疫物质只能对抗这种抗原物质。

特异性免疫根据参与反应的基质和反应的形式不同，可分为体液免疫和细胞免疫。

体液免疫即畜禽机体在特异抗原的刺激下，通过 B 细胞产生抗体，这种抗体是一种球蛋白，存在于血清和体液中，它能与相应的抗原发生反应，如凝集反应、沉淀反应、中和反应等，发挥直接或间接的消灭抗原的作用。

细胞免疫是以 T 细胞的活动为主，当某些抗原进入畜禽机体时，先由巨噬细胞把抗原物质吞入，经细胞内酶消化降解后，释放出有效的抗原成分，并传递给 T 细胞。T 细胞接受抗原刺激，引起转化，演变成许多具有对抗原发生反应的潜在能力的 T 细胞。当机体再次接受同一抗原刺激时，具有潜在能力的 T 细胞释放出淋巴素。淋巴素中含有多种可溶性物质，分别具有各种免疫功能，它们有的可使巨噬细胞集中于病变部位；有的能激活巨噬细胞，增强其吞噬病原体的能力；有的为干扰物质，可抑制病毒在细胞内繁殖；有的可增加血管的通透性，促进血细胞渗出等。

因此，当人工用菌苗、疫苗给畜禽免疫或感染某种病原物质，机体通过非特殊异免疫和特异性免疫（即体液免疫和细胞免疫）与抗原做斗争，如能阻止病原进入机体或进入体内后立即被消除，这种情况下为不感染；如病原的致病力与畜禽机体的免疫力相等，病原在体内不能致病，而畜禽机体又不能消除病原，此时称为带菌感染或称疾病处于潜伏期；如病原致病力很强则可引起疾病。因此，疾病可以看作病原体致病力与畜禽机体免疫力的相互斗争，矛盾的两个方面相互统一、相互斗争、相互转化，组成传染病发生、发展的整个过程。

4. 传染病流行的三个基本环节

传染病在畜禽群体中发生、传播和终止的过程称为传染病的流行过程。流行过程是由传染源、传播途径和易感动物三个基本环节组成，缺少任何一个环节，传染病的流行即被终止。预防、控制和消灭传染病的主要任务是消灭传染源，切断传播途径和提高动物的免疫力。

（1）传染源　传染源是有病原体生存、繁殖并不断向外界排出的畜禽体，也就是正在患传染病或隐性传染带毒（菌）的畜禽，后者常不表现临床症状，往往不引起人们的注意。患病畜禽在潜伏期阶段就向外界排出病原体且具有传染性；患病畜禽死亡后，在一定时期内，尸体中仍有大量病原体存在，如处理不当，极易散布病原。因此，在预防和控制传染病时，如何消灭传染源是一个重要问题。了解各种传染病的潜伏期和康复后带病毒的时间，是传染病发生后，扑灭疫情、解除封锁及决定病畜隔离期限的重要依据，在预防措施中有着极其重要的意义。

（2）传播途径　病原体由传染源排出，经过一定的方式，再侵入其他易感动物的过程称为传播途径。如在没有任何外界因素参与，易感动物与传染源直接接触引起的传染，称为直接接触传染；如病原体排出后污染外界环境，在外界因素的参与下，间接引起疫病的传播称为间接传染。

间接传播的因素：经被污染的物体、饲料和饮水传播；经空气传播；经活着的传染媒介传播，如吸血昆虫（蚊、虻、蝇、蜱、螨）、麻雀、老鼠等。

（3）易感动物　畜禽群体中如有一定数量对某种病原体有易感性的畜禽，则为易感畜禽群，当病原侵入时则可能引起某种传染病在畜禽中流行。因此，加强饲养管理，提高畜禽的健康水平，实行免疫，可使易感畜禽转为非易感畜禽，达到预防传染病的目的。

5. 寄生虫病的基础知识

寄生虫对畜禽的危害通常是使畜禽生长发育不良，多数寄生虫病不像传染病那样传染迅速、发病明显，常常容易被人们忽视或重视不够。有许多原虫或蠕虫可引起畜禽的急性病，造成大量死亡，造成经济上的严重损失。

（1）寄生虫病的特征　寄生虫病是寄生虫（蠕虫、原虫、蜘蛛昆虫等）寄生在畜禽体内所引起的。它有传染性并有一定的发病规律。

（2）寄生虫发生和传播的条件　包括：①易感动物（可作为宿主的畜禽）；②具有一定致病能力的病原（寄生虫）；③适宜的外部环境，就是有一个适合寄生虫整个发育过程的条件，包括气候、土壤、水等自然条件，还包括传播者和中间宿主的生存，以及虫体在其体内的发育条件。上述条件决定了寄生虫病的流行季节和流行的地区性。

寄生虫病的传播也取决于畜禽的体质，如体况不好病原就会乘虚而入，引起疾病。因此，增强畜禽体质是减少寄生虫病发生、传播的基础条件。

（3）寄生虫病传播途径　包括：①直接接触感染，如外寄生虫病；②经口感染畜禽吃了被侵袭性虫卵、幼虫污染的饲料、水或吃入含有侵袭性幼虫的中间宿主而感染，这是蠕虫感染的主要方式；有的是通过蜱及吸血昆虫的传播而感染的，大部分原虫为这一方式；有的是从皮肤钻入而感染，如血吸虫病和钩虫病。

畜禽寄生虫病多为混合感染，特别是蠕虫病。所表现的临床症状是几种寄生虫病致病力的综合表现。

其发病特点经常是有一部分急性发作，绝大部分为慢性发作，呈慢性经过的畜禽，又常是寄生虫病的主要传染源。

（4）防治措施　实施预防、治疗和病原灭绝的综合措施。加强饲养管理，提高畜禽的抵抗力；治疗病畜禽，消灭体内外病原，预防健康畜禽感染；消灭外界环境中的病原；消灭蜱及中间宿主，切断寄生虫病的传播链；对健康畜禽使用药物预防。

（三）疾病的诊断

要治疗畜禽疾病，必须先认识疾病，掌握疾病发生和发展的规律，进行综合分析，作出诊断，进一步制定正确的防治方案。诊断就是通过病史、一般诊断、各种特殊检查，对病因、病情、病性、病位等进行了解，以确定发病原因和疾病的性质，推断该病发展的预后，并确定防治的原则和方法。

1. 了解病史

（1）发病经过及治疗情况　了解发病的时间、病猪的多少、初起症状、转变情况、目前病情（精神、食欲、饮水、咳嗽、流鼻、大小便等）。还要了解做过哪些疫苗的预防注射，做过什么诊断，用过什么治疗方法，效果如何，为进一步诊断提供线索。

（2）饲养管理情况　了解病前的饲料情况，如饲料的种类、品质、来源、存放时间、配合比例，各种原料情况，有无饲料突然变更的情况。猪舍温度、饲养密度、通风情况，气候有无骤变，是否经过长途运输等。

（3）猪的来源及疾病流行情况　如病猪是新购入的，要问清楚是从何处购入，该处有无传染病发生。

（4）病猪所在场的生产和健康情况　了解患猪是旧病复发，还是传染病再发。

2. 一般临床检查

一般临床检查是以望诊为主，结合听诊、触诊等方法进行。

（1）群体检查　先进行静态观察，观察猪的姿势、体态、营养、精神、呼吸、咳嗽、痉挛、呻吟、睡眠、流涎等有无异常。再进行动态观察，将猪赶起来，查看运动情况，运动时呼吸有无变化，给水、给食观察食欲情况观察排粪情况。

（2）个体检查　猪的直肠温度 38.0～39.5℃是正常体温。如病猪普遍持续高温，有可能为急性败血性传染病；如体温不高、发病猪很多，有可能是中毒病、营养疾病或某些传染病。测温应在猪只安静时进行，在检查体温时要注意热型变化，看其是属于稽留热、间歇热、弛张热。

（3）可视黏膜检查　对猪适当进行保定后，检查眼结膜、鼻黏膜、口腔黏膜的色泽、分泌物、溃疡、出血点等情况。如果黏膜变白无光，小猪多为贫血症状；如黏膜发紫表现有瘀血、皮肤有出血斑点，有可能是败血性传染病。

（4）皮肤的检查　观察皮肤的颜色，有无出血斑点、血疹、坏死灶、结痂、肿胀，尤其注意口、鼻、耳、腋下、股内侧、外阴等无毛处。如皮肤呈蓝紫色，是瘀血表现；皮肤呈角质化，应考虑有无皮肤病或是维生素 A 缺乏等。

（5）呼吸检查　猪的正常呼吸次数为每分钟 10～20 次。呼吸加快，可见于肺炎、心功能不全、胸膜炎、贫血或疼痛引起；胸式呼吸多见于胸膜炎。

（6）心脏检查　可在前肢后上方用听诊器检查，猪的正常心率为每分钟 60～80 次。如心率加速，心音亢进，可能是运动刚停或有热性病等。

（7）排泄物检查　主要是观察粪便，猪的正常粪便为条状、呈黄色或棕色，如粪便变红、变黑，表示带有血液；粪便呈球或稀如水，均表示胃肠功能异常。

（8）精神状态观察　有无转圈运动、肢体麻痹、共济失调等。

3. 流行病学诊断

流行病学诊断是建立在流行病学调查的基础上，通过询问、查阅资料和实地观察进行综合分析，初步将传染病与普通病这两大类分开，在调查中应注意以下几点。

（1）流行概况调查　了解最初发病的时间、地点、发病面积；病猪年龄、性别、发病率、死亡率、发病特征上有什么规律性，其他家畜有无发生类似疾病。

（2）发病后治疗情况的调查　发病后做过何种诊断，诊断结果如何，用过什么药，采取过什么措施，效果如何。

（3）饲养管理情况的调查　重点看猪舍的温度、通风、密度、粪便的处理；饲养方法、饮水方法，饲料是自配还是购入，配方变动与发病有无关系，配合饲料的原料有无变更。

（4）了解患病猪的来源　是否新购入，购回是否进行过隔离饲养，购猪处是否有类似的疾病发生。

（5）了解猪的免疫、驱虫及药物预防情况，用过何种药物及生产厂家。

（6）了解发病时的自然情况，如气温、雨量、风速等。

4. 病理学诊断

病理学诊断包括尸体解剖和组织学检查。通过肉眼和切片显微镜检查以达到诊断的目的。需做深入检查要送有条件的单位进行。

进行尸体解剖时，特别是患有传染病的尸体，必须注意防止病原扩散，还要注意剖检人员的自身保护。

应掌握常规病料采集、固定和寄送的一般知识。

微生物检材的采集与寄送。采取病料应于病猪死后立刻进行，或从濒死期扑杀猪采样。采样过程和用具均需无菌，采取的组织应根据目的而定。如急性败血性疾病要采集心、脾、肝、肾及淋巴结等，有神经症状的疾病要采集脑脊髓。心血、浆膜腔液要用消毒过的吸管、注射器吸取，脓汁和阴道分泌物可用消毒的棉球收集后放入消毒的试管内。如怀疑是病毒性疾病，可将组织放入50%中性甘油生理盐水中，不同材料要分装。

中毒病料的采集与寄送。采取肝、肾、肠组织、血液和较多的胃肠内容物装入清洁的容器中，密封后在冷藏的情况下送出。

病理组织学检材的采取与寄送。采取组织时，要使用锐利的刀具，所采组织要有代表性，要包括病变组织和附近不见病变的组织，要包括器官的重要结构部分。所取组织的厚度一般在1.5～3.0cm，放在10%福尔马林溶液中。软组织（肠管、膀胱）可先固定在硬纸片上，然后放入福尔马林溶液中，为防漂浮可用脱脂棉压下去。每一材料均应做好标志，做好记录。

血清检材的采取与寄送。在无菌条件下，采集静脉或刚死后尸体心房、心室内血液15～20ml，放入试管内冷藏送出。

送检材料应注意：一定要将解剖记录、临床症状及流行病学调查材料一并送上；送检一定要快（微生物检材怕热，病理学检材怕冻）；做微生物检查的病料尽可能采自未用抗生素治疗的患猪。

5. 病原菌的实验室诊断

患猪体内的病原菌是诊断传染病最好的依据之一。要分离到病原体，最重要的是准确采集含菌量多的病料，这就必须充分了解各种疾病（疫病）病原在体内和分泌物及排泄物中的分布情况，尽可能避免杂菌的污染。在患猪死后立即采集病料，迅速检验。

（四）建立有效的卫生防疫制度

建立有效的卫生防疫制度是实现安全生产和效益最大化的基础工作。

1. 猪场建设和兽医卫生设施

要重视场址的选择，应选在地势高燥、水电方便、背风向阳、土质坚实的地方，水量要充足，水质要符合饮用水的标准。

猪场的建设一定要分区，常分为管理区、生活区、生产区和隔离区。出入车辆和人员要通过消毒池。规模较大的猪场应设兽医室、隔离室、粪便处理场，这些设施要与生产区、饲料库、加工室保持一定距离。

2. 建立健全全进全出制度

所饲养的猪在一栋猪舍全部出清后，立即进行清扫，严格进行消毒，空舍7天左右再进下一批猪。消灭病原、切断传染途径，就必须认真做好猪舍的严格消毒。

3. 建立严格的检疫制度

猪场的繁育最好自成体系，必要时进行引种。引种时要进行调查，一定从政府有关部门批准可以出售种猪的猪场购入，经产地检疫与必要的疫苗注射并达到免疫效果时方可调入。调入后要进行隔离饲养观察，确认无病后方可进入生产区。

本场出场的猪及其产品要严格进行检疫，本场饲养的猪也要进行定期或不定期的检疫，对检出的可疑猪进行淘汰，保持猪群健康。

4. 建立消毒制度

按时进行清扫消毒，每批猪出圈后要清扫消毒，产房和仔猪舍还应进行喷灯火焰消毒。有条件的猪场可用福尔马林熏蒸消毒（25ml/m^3，相对湿度70%以上，温度18℃以上，密闭24h后开窗通风）。

5. 粪污的管理

每天清扫的粪便、垫草、污物要堆集进行生物热处理，污水、沤粪池也要加强管理，发酵后方可运出或做其他方面的净化处理。

6. 建立预防接种和驱虫制度

通常情况下，对猪瘟、猪肺疫、猪丹毒、副伤寒一定要进行预防接种。猪瘟可在仔猪20～25日龄用4头分量免疫，公、母猪一年两次，母猪注射要避开孕期，有条件的猪场可按抗体水平进行免疫，仔猪进行超前免疫。副伤寒一般在猪30日龄左右进行。猪肺疫、猪丹毒按季节免疫，一般在多发季节的前30天进行即可。免疫时可给予免疫增强剂盐酸左旋咪唑。根据当地的实际情况可接种伪狂犬病疫苗、细小病毒病疫苗等。

猪场要定期驱虫，常用的驱虫药如盐酸左咪唑片或针剂，一般在春秋季节各驱虫一次。断奶至6月龄的猪可驱虫1～2次。驱虫后要及时清除粪便。伊维菌素（害获灭）对体内和体表寄生虫均有良好的驱虫作用。

7. 建立疫病的报告和诊断制度

在规模猪场要设专职兽医人员，发现传染病应及时处理，并向上一级兽医部门报告。必要时进行会诊，采取措施，直至疫情扑灭。还要做好灭鼠、灭虫、防犬工作。

兽医人员要协助与监督饲养规程的执行情况，保证合理配制日粮并实施科学管理，以提高猪群的抗病能力。

（五）消毒

人、动物与微生物共同生活在地球上，绝大多数的微生物对人和动物是有益的，有一部分微生物对人和动物是有害的，可使人和动物患病，或造成物品和食品的腐败，危害人和动物的健康。

能够引起人和动物疾病的微生物称为病原微生物。我们既要杀灭体内的病原微生物，又要消灭和清除外界环境中的病原微生物，以保护人和动物免受病原微生物的感染。

消毒是相对的而不是绝对的，只能将有害微生物数量减少到无害程度。

消毒方法分为物理消毒、化学消毒和生物消毒。物理消毒包括自然净化、机械除菌、热力灭菌、辐射灭菌、超声波消毒、微波消毒等。以下简单介绍常用的化学消毒方法。

1. 消毒剂的种类

目前使用的消毒剂按化学结构可分为下列十多种。

（1）醛类　有甲醛、戊二醛等。醛类消毒剂是高效消毒剂，其气体和液体均有强大的杀灭微生物作用。

（2）烷基化气体消毒剂　常用的有环氧丙烷、溴化甲烷等，属高效消毒剂。

（3）含氯化合物　主要有漂白粉、次氯酸钙、二氧化氯、二氯异氰尿酸钠、三氯异氰尿酸钠、氯胺等。二氧化氯稳定性好，属中等水平消毒剂，常用于水的消毒。

（4）含碘化合物　有游离碘、碘仿、碘伏（爱迪优）等，属中等效力消毒剂。

（5）酚类　有酚（石炭酸）、甲酚、氯甲酚、氯二钾苯酚，甲酚皂溶液（来苏儿）等，属中等消毒剂。

（6）醇类　有乙醇、甲醇、异丙醇、苯甲醇等，属中等效力的消毒剂。

（7）季铵盐类化合物　这类化合物为阳离子表面活化剂，有新洁尔灭、杜米芬、氯苄烷铵。含有两个 N^+ 的双季铵盐类消毒剂，消毒效果好，对细菌繁殖体有广谱杀菌作用，作用快、毒性小。但其是低效消毒剂，不能杀灭结核杆菌、细菌芽孢和亲脂性病毒。

（8）酸类和酯类　有乳酸、醋酸、水杨酸、苯甲酸、对位羟基苯甲酸酯等，这类化合物虽能杀灭细菌和真菌，但效力不强，属低效消毒剂。

（9）碱类消毒剂　有火碱、生石灰、草木灰等，属中等效力的消毒剂，当浓度加大时消毒作用加强。

（10）过氧化物类　有过氧乙酸、过氧化氢、臭氧等，属高效消毒剂。

（11）金属制剂　有氧化黄汞、汞溴红、硫柳汞、硝酸银等。

（12）其他消毒类　有高锰酸钾，染料类的三苯甲烷、吖啶染料、喹啉、异喹啉衍生物等。

2. 影响消毒效果的因素

（1）消毒剂的浓度　通常情况下，消毒剂的效果与其浓度成正比，即浓度高杀菌作用强。但不能一概而论，酒精消毒以70％～75％效果最好，因高浓度的酒精能使蛋白质迅速凝固而使消毒药物不易向内渗透。

（2）消毒剂作用时间　必须维持足够的时间，才能达到消毒的目的。

（3）病原微生物种类和生活状态　消毒剂对芽孢的杀菌作用比繁殖体的差。一般细菌在酸碱作用下易死亡，而抗酸菌如结核杆菌是抗酸的，使用酸类消毒剂效果就差。染料类消毒剂有选择性，用时应注意。

（4）被消毒物的性质　被消毒物中含有较多量有机物时，常会降低消毒效果。升汞不能用于病畜粪、脓汁等的消毒。

六、猪常规疫苗接种与注意事项

1. 猪瘟免疫

公猪、母猪每年接种猪瘟兔化弱毒疫苗1～2次，母猪于发情前接种为好（不要在怀孕期接种），接种量为常规量的 4 倍（即 4 头份）。初生仔猪在没有吃初乳前，按常规剂量接种一次，2h 后吃初乳；也可采取 20 月龄左右的仔猪接种 2～4 头份。

猪瘟疫苗注射 4d 后可产生免疫力，免疫期为 1 年左右。

猪瘟兔化弱毒疫苗保存条件与免疫状况有着密切的关系。一般认为：本苗自冻干之日起，在－15℃保存不超过 1 年，0～8℃保存不超过 6 个月。在－15℃保存一段时间，移到－8℃保存，继续保存期按在－15℃剩余保存期减少计算。本苗的运输应在 8℃以下进行，如在 8℃以上、25℃以下运输，本苗必须在 10d 以内用完。本苗在稀释后的保存期，气温在 15℃以下时保存 6h，在 15～27℃时为 3h。本苗注射时必须注意疫苗是否失真空，注射时一定要一猪一个针头。

常使用的猪瘟疫苗有：猪瘟兔化弱毒组织苗、猪瘟兔化弱毒细胞培养苗，猪瘟、猪丹毒、猪肺疫三联活疫苗，猪瘟、猪肺疫二联活疫苗，猪瘟、猪丹毒二联疫苗等。

2. 猪丹毒免疫

猪丹毒 GC_{42} 弱毒菌苗是口服、注射两用苗，本苗可在仔猪 3 月龄开始免疫接种。未断奶或刚断奶仔猪使用本苗后，应于 2 个月后再免疫一次。以后每隔 6 个月免疫一次。本苗可以皮下注射，每头猪 1ml；也可口服，口服剂量比注射量多一倍，将其拌入饲料中，让猪自由采食。用苗前 1 周不能使用抗生素药物。免疫后 7～9d 产生免疫力，免疫期 6 个月。

该苗的保存条件：－15℃保存期为 1 年，0～8℃为 6 个月，9～25℃为 30d，26～30℃ 为 10d。

还有猪丹毒 G_4T_{10} 弱毒菌苗，可进行皮下或肌内注射；猪丹毒灭活苗，注射量为 5ml，多为皮下注射，注射后 21d 左右产生免疫力，免疫期为 6 个月。

3. 猪肺疫免疫

猪肺疫弱毒菌苗，只能口服，大小猪一律 3 亿活菌苗，拌在饲料中，7d 后产生免疫力，免疫期 6～10 个月。猪肺疫 EO－630 弱毒苗，一般以氢氧化铝生理盐水稀释，皮下注射 1ml，免疫期为 6

个月。

4. 猪副伤寒免疫

猪副伤寒 C_{500} 弱毒冻干苗，成年猪和育成猪每年预防注射两次。仔猪 30 日龄肌内注射 1ml，或将疫苗混入饲料中让猪采食。本苗注射后可能有少部分猪出现体温升高、发抖、呕吐、减食反应，1～2d 即可恢复正常。本苗口服没有不良反应或反应很轻微。

5. 猪细小病毒免疫

主要用于疫区，母猪于配种前 2 个月左右肌内注射细小病毒灭活苗一次，每次 5ml，免疫期为 4 个月。

6. 仔猪红痢免疫

主要用于疫区，母猪分娩前半个月和 1 个月各肌内注射红痢（魏氏梭菌 C）氢氧化铝菌苗一次，每次 5～10ml。

7. 大肠杆菌苗

乳猪黄痢、白痢遗传工程活疫苗，供预防乳猪黄痢、白痢用，孕猪在预产期前 20～25d，按说明稀释后，每头加入 2g 小苏打，拌入冷食中喂给。为强化免疫，对其所生仔猪 2～4 日龄时，以成年猪的 1/20 量滴入乳猪口中。

8. 猪喘气病活疫苗

用于断奶仔猪、后备猪、架子猪、种猪及怀孕 2 个月以内的母猪。按说明用生理盐水稀释，摇匀后，从右侧倒数第六肋至肩胛骨后缘 3～7cm 处进针，做胸腔注射，每头 5ml。注射 60d 产生免疫力，免疫期为 8 个月。该苗经稀释 4h 以内用完。使用本苗前 15d 和用苗后 60d 禁用土霉素、卡那霉素、北里霉素，以确保免疫力的产生。

9. 猪链球菌活疫苗

该苗是用猪链球菌弱毒的培养物另加入保护剂经真空冻干生产的，为乳白色海绵状固体，加入稀释液后使用。主要用于健康的断奶仔猪和成年猪，免疫期一般为 6 个月。按生产厂家的说明书使用即可。要注意体弱的猪不宜使用。本苗稀释后 4h 内用完。本苗使用前后 10d 均不宜使用抗生素药物。使用该苗应先做小量试验，无异常方可大面积使用，一般无不良反应。

10. 猪O型口蹄疫灭活疫苗（普通苗、高效苗）

兰州兽医研究所生产的灭活苗，免疫期为5～6个月，使用后个别猪1～3d内食欲不好，逐渐好转。

种公猪每年注射两次，每隔6个月一次。普通苗肌内注射3ml/头或后海穴注射1.5ml/头，高效苗为2ml/头或后海穴1ml/头。

母猪分娩前1.5个月肌内注射高效苗2ml/头或后海穴1ml/头。

仔猪出生30～40日龄首免，普通苗2ml/头或后海穴1ml/头，高效苗1ml/头或后海穴0.5ml/头。

11. 伪狂犬病免疫（在疫区或受威胁区使用）

哺乳仔猪第一次注射伪狂犬病弱毒冻干苗0.5ml/头，断奶后再注射1ml/头；3月龄以上育成猪1ml/头，成年猪和怀孕母猪（产前1个月）2ml/头。注苗后6d产生免疫力，免疫期为1年。

猪伪狂犬病灭活疫苗，每头猪肌内注射2ml，首免母猪产前3周及6周各接种一个剂量，经免母猪产前3～6周接种一个剂量；育肥猪10周龄接种一个剂量，种公猪每年接种2次。

七、猪场环境的保护

随着近代养猪生产的快速发展，由于盲目建场，忽视环境保护等原因，养猪生产对环境造成污染。猪场的环境保护既要防止猪场对周围环境的污染，还要避免周围环境对猪场的危害。

使猪场受到污染的物质有：工业生产中产生的废水、废气、废渣，农业生产使用农药和化肥的残留物，猪的粪尿、猪场污水、剖检或死亡猪的尸体以及猪场排出的有害气体、不良气味和灰尘等。

（一）猪场对环境的污染

1. 猪场粪污与环境污染

（1）对大气的污染　猪场在生产过程中产生的恶臭、粉尘和微生物排入大气后，通过大气的气流扩散和稀释、氧化和光化学分解、沉降、降水溶解、地面植被和土壤吸附等作用而得到净化（自净）。当污染物排放量超过大气的自净能力时，将对人和动物造成危害。

猪场恶臭除猪的皮肤分泌物、黏附于皮肤的污物、外激素、呼出气等产生的特有难闻的气味外，主要来自粪污在堆放过程中有机物的腐败分解（特别是厌氧腐解），碳水化合物分解产生的甲烷、有机酸和醇等带有臭味的气体，蛋白质、脂类等分解产生的氨、硫化氢、丙醇、吲哚、甲级吲哚、甲硫醇、3-甲基丁醇、粪臭素等含硫和含氮的化合物。据报道，猪粪可产生230种恶臭物质，包括具有强烈粪臭的吡咯类（吲哚、粪臭素等）、硫化物、胺类、硫醇类、脂肪酸类、醛类、酮类、酚类等有机成分，还有氨、硫化氢等无机成分。

猪场排入大气的恶臭物质，除引起人与动物不快、产生厌恶感外，大部分成分对人和动物有刺激性和毒性。长时间吸入低浓度的恶臭物质，最初阶段可引起反射性的呼吸抑制，呼吸变浅变慢，肺活量减少；继而使嗅觉疲劳改变了嗅觉阈，解除了保护性呼吸抑制，导致慢性中毒。氨、硫化氢、硫醇、硫醚、有机酸、酚类等恶臭物质均有刺激性和腐蚀性，可引起呼吸道炎症和眼病；脂肪簇、胺、醛类、醇类、酮类、酯类等恶臭物质，对中枢神经系统可产生强烈刺激，不同程度引起兴奋或麻醉作用；有些物质（如酯类、杂环化合物等）会损坏肝脏、肾脏。长时间吸入恶臭物质，会改变神经内分泌功能，降低代谢机能和免疫功能，生产力下降，发病率和死亡率升高。

尘埃和微生物　由猪场排出的大量粉尘携带种类多、数量多的微生物，并为微生物提供营养和庇护，增强了微生物的活力和延长了其生存时间，可随风飘向30km以外，扩大了污染和危害范围。尘埃污染使大气中可吸入颗粒物增加，恶化了猪场周围大气和环境的卫生状况，使人和动物呼吸道和眼病的发病率提高。微生物污染可引起猪肺疫以及大肠埃希菌、布氏杆菌、真菌孢子等疫病传播，危害人和动物的健康。

（2）对水源的污染　猪场排放的污水、固体粪污被降水淋洗冲刷进入自然水体，使水中悬浮固体物（SS）、化学耗氧量（CODcr）、五日生化需氧量（BOD_5）和微生物含量升高，水体通过稀释、扩散、沉淀、吸附、光化学分解、生物降解、生物颉颃等作用，使无机污染物减少，有机污染物被分解，病原微生物被杀灭，从而使水体得到自然净化。当污染物超过水体自净能力时，就会改变水体的物理、化学和生物群落组成，使水质变坏。污物中含有大量的病原微生物，不能被自净过程杀灭，可直接通过水体或通过水生动植物传播，危害人和动物的健康。由于粪污中有含氮、磷等的有机化合物，水中微生物对其进行分解，促进低等水生生物大量繁衍。有机物的生物降解和水生生物的繁衍，都大量消耗水中的溶解氧（DO），如溶解氧被耗尽，使水生生物死亡，生物降解过程变为厌氧腐解，水体变黑变臭，导致水体“富营养化”，这种水体不可能得到恢复。

（3）对土壤的污染　粪污不经过处理直接进入土壤，粪污中的蛋白质、脂肪、糖等有机物将被土壤微生物分解，含氮有机物质被分解为氨和硝酸盐，氨 和胺被消化细菌氧化为亚硝酸盐和硝酸盐；糖和脂肪、类脂等含碳有机物，最终被微生物降解为二氧化碳和水，从而使土壤得到自然净化。如污染物排量超过土壤自净能力时，就会出现降解不完全和厌氧腐解，产生恶臭物质和亚硝酸盐等有害物质，引起土壤的组成和性状发生改变，破坏原有的基本功能。猪场粪污中还含有某些高浓度的成分如铜、铁、锌、磷、抗生素等，也会造成土壤污染。此外，土壤中的病原微生物也会引起疫病的传播。土壤污染还容易引起地下水的污染。

综上所述，猪场粪污处理利用不当，对环境造成的污染是相当严重的。据报道，一个年产 10.8 万头的猪场，每 小时可向大气排放 159kg NH_3、14.5kg H_2S、25.9kg 粉尘和 15 亿个菌体，这些物质的污染半径可达 4.5～5.0km。

2. 粪便污水处理利用的生物学意义

猪场粪便污水中含有腐殖物质，是土壤肥力很好的改良剂，可以改善土壤的团粒结构，防止土壤板结，提高土壤保水、保肥能力，减少土壤中养分的流失。将猪场粪污中的大量有机物质和丰富的氮、磷、钾等营养元素，进行无害化处理后制作成固体或液体有机肥，施入森林、草地、池塘、农田、菜地、果园等生态系统，在参与生态系统物质循环的同时，为人们生产更多的动植物产品。如在农田生态系统的物质循环中，家畜粪便来自消费者——家畜（家畜库），进入无机循环（土壤库）后，经过分解者（微生物等）的作用转化为可给生态养分和土壤肥力，最终供给生产者（绿色植物）利用。可见，有机肥的施用是发展有机持续农业、促进农牧结合、实现物质良性循环、保持生态平衡和生产绿色食品必须采取的措施。

（二）猪场污水的处理和利用

1. 污水处理的基本原则

首先要改进猪场生产工艺，采用用水量少的干清粪工艺，使干粪、尿及污水分流，以减少污水量和污水中污染物的浓度，并使固体粪污的肥效得以保存和便于处理利用。第二是实现资源的二次利用，实现生产的良性循环，达到无废排放。猪场污水中的污染物质也是宝贵的农业资源，如与农、果、菜、鱼结合加以综合利用，可化害为利、变废为宝。净化后的水经消毒后亦可用作猪舍冲洗用水。第三是污水处理工程要充分利用当地自然条件和地理优势，利用附近废弃的池塘、滩涂，采用投资少、运行费用低的自然生物处理法，一定要避免二次污染。

2. 污水的水质和水量

（1）水冲粪工艺　猪粪尿靠水冲清理，方法是粪尿污水混合进入缝隙地板下的粪沟，每天数次从沟端的自翻水斗放水冲洗。这种清粪方式劳动强度小、劳动效率高，但耗水量大（表 3-15）、污染浓度高，使用配合饲料的成年猪每日每头排放 COD 为 448g、BOD 为 200g、悬浮固体为 700g。如冲水量每头按 30L 计算，其污水浓度 COD 为 15 000mg/L、BOD 为 6 700mg/L、SS 为 23 000mg/L。固液分离后，大部分可溶性有机质及微量元素等留在污水中，污水的污染物浓度仍然很高，分离出的固形物养分含量低、肥料价值低。

表 3-15　冲洗粪便用水量

猪别	水冲清粪用水量 [L/(头·d)]	猪别	水冲清粪用水量 [L/(头·d)]
母猪及仔猪	130	生长猪	40
哺乳仔猪	3.5	妊娠母猪	90
保育期仔猪	15	育肥猪	60

注：资料来源《养猪生产技术手册》

（2）水泡粪工艺　水泡粪是将粪尿、冲洗和饲养管理用水一并排入缝隙地板下的粪沟中，贮存一定时间后（视季节而定，一般为 1～3 个月），待粪沟装满后，拨开出口的闸门排出粪水。这种方式省水，但由于粪便长时间在猪舍停留，形成厌氧发酵，产生大量的有害气体和水汽，恶化舍内空气环境，危及猪只和饲养人员的健康，影响猪的生产力。粪水污染物的浓度更高（表 3-16）。

表 3-16　不同清粪工艺猪场污水的水质

水质指标 (mg/L)	水冲清粪	水泡清粪	干清粪*		
BOD_5	9 000～9 500	5 000～6 000	302	1 000	—
COD_{CR}	12 000～15 000	6 000～7 000	989	1 476	1 255
SS	—	12 000～13 000	340	—	132

注：资料来源于《养猪生产技术手册》。

* 三个猪场的实测结果。

（3）干清粪工艺　干清粪是将粪便与尿和水在猪舍内自动分离，干粪由机械或人工收集、清出，尿及污水由下水道排出，再分别进行处理。方法是在缝隙地板下设斜坡，使固、液分离，分别清除。这种方式可保持猪舍内清洁，空气卫生状况较好，产生的污水量少，污染物含量低，易于净化处理。粪和尿、水直接分离，粪中肥效成分损失小，肥料价值高，因此，是比较合理的清粪工艺。

3. 污水的处理方法

污水处理方法分为物理的、化学的、生物学的三类，以物理和生物学方法应用较多。

（1）物理处理方法　这一方法主要用于去除污水中的机械杂质，包括格栅过滤、沉淀、固液分离等。

格栅的作用是阻拦污水中所夹带的粗大的漂浮和悬浮固体，以免阻塞孔洞、闸门和管道，并保护水泵等机械设备。格栅是由一组平行的栅条制成的框架，斜置于废水流经的渠道上，设于污水处理场 中处理构筑物前，或设在泵前。分为粗格栅和细格栅，人工清除格栅和机械清除格栅。

沉淀是在重力的作用下，将重于水的悬浮物从水中分离出来。可在沉砂池中去除无机杂粒，在一次沉淀池中去除有机悬浮物和其他固体物，在二次沉淀池中去除生物处理产生的生物污泥，在絮凝后去除絮凝体，在污泥浓缩池中分离污泥中的水分，使污泥得到浓缩。沉淀池的种类有平流式、辐流式、竖流式和斜板（管）式。

固液分离多用于水冲粪和水泡粪工艺的猪场，排出的粪尿水混合液用分离机进行固液分离，可大幅度降低污水中的悬浮物含量，便于污水的后续处理；同时要控制分离固形物的含水率，以便于处理和利用。常用的有振动筛、回转筛和挤压式分离机。

调节池用以调节水质水量，猪场污水的流量和浓度在昼夜间变化很大，为保证污水处理构筑物正常工作，不受污水高峰流量和浓度变化的影响，需设调节池。

（2）化学处理方法　这一方法需要使用化学药剂，费用较高，且存在二次污染的问题，故较少应用。可分为中和法、絮凝沉淀法和氧化还原法等。

（3）生物处理方法　废水的生物处理包括工厂化的生物处理方法和自然生物处理方法。

①工厂化生物处理法。工厂化生物处理是通过建立废水处理构筑物，在其中培养微生物，利用微生物的新陈代谢功能，使废水中呈溶解和胶体状态的有机物降解，转化为无害物质，使废水得以净化。分

为好氧处理法和厌氧处理法。

好氧工艺有传统的活性污泥法，生物滤池、生物转盘、生物接触氧化法，流化床等。根据微生物在水中悬浮的状态，好氧处理又分为活性污泥法和生物膜法。

活性污泥法的原理是水中的微生物在生命活动中产生的多糖类黏液，携带菌体的黏液聚集在一起构成菌胶团，菌胶团具有很大的表面积和吸附力，大量吸附污水中的污染物颗粒而形成悬浮在水中的生物絮凝体——活性污泥，使有机污染物在活性污泥中被微生物降解，污水得以净化。

生物膜法又称固定膜法。当废水连续流经固体填料（碎石、塑料等）时，菌胶团就会在填料上生成污泥状的生物膜，生物膜中的微生物起到与活性污泥同样的净化废水的作用。生物膜法有生物滤池、生物转盘、生物接触氧化等处理构筑物。生物膜法还有一种介于活性污泥法与生物滤池之间的工艺，称为生物接触氧化法。反应器为接触氧化池，内设填料，部分微生物以生物膜形式固着生长于填料表面，部分则呈絮状悬浮生长在水中，因此，它兼有活性污泥与生物滤池的特点。

属于厌氧工艺的有普通消化池、厌氧滤池、上流式污泥床、厌氧流化床等。

②自然生物处理法。是污水在自然条件下以微生物降解为主的处理方法，包括沉淀、光化学、过滤等净化作用。生物塘（氧化塘、兼性塘、厌氧塘、稳定塘）处理、土地处理（慢速灌溉、快速渗滤、地面慢流、人工湿地等）和废水养殖等属自然生物处理。这种方法投资少、劳力消耗少，但占地面积大，净化率相对较低。

（4）污水处理工艺和设备

①污水工厂化的生物处理系统和有关设备。这种处理占地少、净化率高，并可进行某些特殊要求的处理。如去除重金属或某些元素、消毒等。厌氧沼气处理还可以生产沼气（若污水碳源不足，一般不能制沼气）。

好氧生物处理系统，其主要设备为格栅、固液分离机（水冲或水泡清粪工艺需要)、污水泵、空气压缩机。该系统较适用于土地紧张，对出水水质要求较高的地区（图 3－2）。

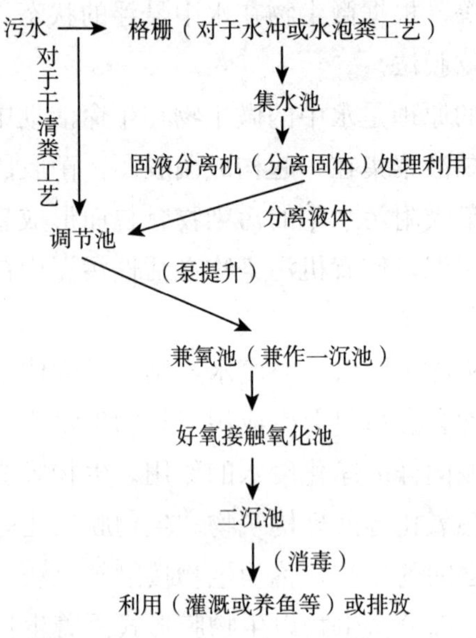

图 3－2　好氧生物处理系统工艺

厌氧生物处理系统。该处理产生的沼气可作为能源，沼渣、沼液可作为肥料。这种处理系统建设投资高、运行管理难度大。北方地区由于冬季气温低，限制了推广应用（图 3－3）。

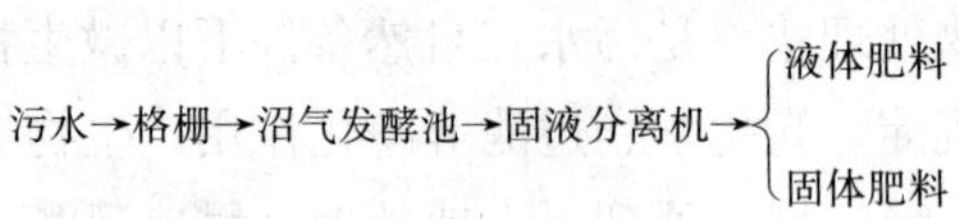

污水→格栅→沼气发酵池→固液分离机→{液体肥料；固体肥料}

图 3－3　厌氧生物处理系统工艺

②污水自然生物处理系统和有关设备。这种处理系统可实现污水资源化，建设投资少、运行费用低、操作管理简单。主要设备是格栅、固液分离机（水冲或水泡清粪工艺需要）和污水泵（图 3－4）。

（5）污水的利用　根据实际情况考虑污水的利用。成本低的可作为农田液肥、农田灌溉用水和水产养殖肥水。没有上述利用条件和水资源紧缺的情况下，应做深度处理（过滤等）或严格消毒后作为猪场的清洗用水。

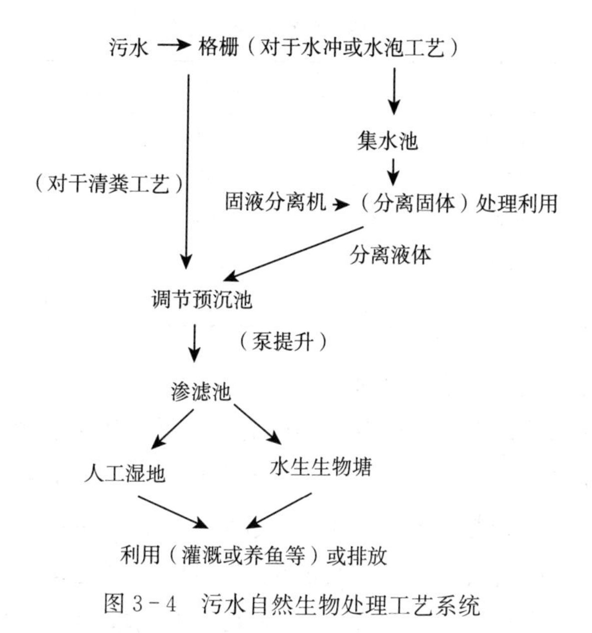

图 3－4　污水自然生物处理工艺系统

（三）猪场固体粪污的处理和利用

1. 猪粪的特征

健康猪粪尿的排泄量，种公猪每头每天 6.0～10.0kg，泌乳母猪每头每天 6.5～11.4kg（表 3－17）。猪粪中含有大量的有机质和氮磷钾等植物必需的营养元素（表 3－18），也含有大量的微生物（包括正常的微生物群和病原微生物）和寄生虫。猪粪经无害化处理，消灭病原微生物和寄生虫（卵）后，可作为有机肥料施用。

表 3－17　猪的粪尿排泄量

猪别	饲养期（d）	每头日排泄量（kg）			饲养期每头排泄量（t）		
		粪量	尿量	合计	粪量	尿量	合计
种公猪	365	2.0～3.0	4.0～7.0	6.0～10.0	0.9	2.0	2.9
泌乳母猪	365	2.5～4.2	4.0～7.0	6.5～11.2	1.2	2.0	3.2
后备母猪	180	2.1～2.8	3.0～6.0	5.1～8.8	0.4	0.8	1.2
出栏猪（大）	180	2.17	3.50	5.67	0.4	0.6	1.0
出栏猪（小）	90	1.30	2.00	3.30	0.12	0.18	0.3

表 3-18 猪粪的化学成分

肥分	含量（%）	化学组成	含量（%）	有机物组成	占碳的（%）
水分	81.5	有机质	24.16	脂肪	11.42
有机质	15.0	全氮	2.65	总腐殖质	25.98
氮（N）	0.60	全磷	0.68	富理酸	15.78
磷（P_2O_5）	0.40	全钾	1.99	胡敏酸	10.32
钾（K_2O）	0.44	蛋白质	2.22	半纤维	5.32

2. 堆肥化处理工艺和设备

堆肥是一种好氧发酵处理粪便的方法，微生物分解物料中的有机质并产生 50～70℃高温，可杀死病原微生物、寄生虫及其虫卵和草籽等。腐熟后的物料无臭，有机物被降解为植物易吸收的简单化合物，变成高效的有机肥料。传统的堆肥为自然堆肥法，不需要设备和耗能，但占地面积大、腐熟慢、效率低。现代堆肥法是根据堆肥原理，利用发酵池、发酵罐（塔）等设备，为微生物活动提供必要条件，可提高功效 10 倍以上。堆肥要求物料含水率 60%～70%，碳氮比（25～30）：1。堆肥过程中要求通风供氧，天冷时适当供温。腐熟后物料含水 30%左右。为便于贮存和运输，水分需降至 13%左右，经粉碎、过筛、装袋。因此，堆肥发酵设备包括发酵前调整物料水分和碳氮比的预处理设备和腐熟后物料的干燥、粉碎等设备。

（1）自然堆腐　将物料堆成长、宽、高分别为 10～15m、2～4m，1.5～2m 的条垛，在气温 20℃左右时约需腐熟 15～20d，其间翻堆 1～2 次，以供氧、散热和使发酵均匀，需静置堆放 2～3 个月才可完全成熟。为加快发酵速度，可在垛内埋秸秆束或垛底铺设通风管。在堆垛前 20d 经常通风可不必翻垛，温度可升至 60℃，此后在自然温度下堆放 2～4 个月即可完全腐熟。

（2）大棚式堆肥发酵槽　设在棚内的发酵槽为条形或环形地上槽，槽宽 4～6m、槽壁高 0.6～1.5m。槽壁上面设置轨道，与槽同宽的自走式搅拌机可沿轨道行走，速度为 2～ 5m/min。条形槽长 50～60m，每天将经过预处理（调整水分和碳氮化）的物料放入槽一端，搅拌机往复行走搅拌并将新料推进与原有的料混合，起充氧和细菌接种作用。环形槽总长度100～150m，带盛料斗的搅拌机沿环槽行走，边撒布物料边搅拌。

（3）堆肥发酵罐（塔）　这种设备为竖式发酵设备，发酵罐为多段堆肥发酵，上层占总体积的2/3、下层占1/3。罐中心设置竖向空心轴，与各层管状搅拌齿相通。竖轴带动搅拌齿转动，并通过管状齿上的孔向物料送风充氧。物料由入口加入上层，边搅拌边送风，发酵3d后，上层物料的1/2落入下层。上层再加新物料与原余料混合发酵。落入下层的物料进一步发酵、消化、稳定，3d后出料，经干燥、粉碎后过筛、装袋出售。梯式窖形发酵塔，原理和操作与发酵罐相同，但不分层。

堆肥发酵罐工作效率易受低温影响，必要时可通入70～80℃的热风。在发酵初期，会产生部分臭气，可将排气引入锯末池除臭。池可设置在地上、地下或半地下，池深1～1.5m，池底铺设排气管，池中装锯末并经常洒水保持潮湿。排出气由管上的孔喷出，臭气被湿锯末吸附、溶解，进而在微生物的作用下分解，起到除臭的作用。

（4）充氧动态发酵机和卧式发酵滚筒　均为卧式发酵设备，特点是物料被自上而下的抛撒，供氧更为充分、效率更高。前者加菌种可在12h内预发酵，后者可在1～2d内预发酵。预发酵的粗堆肥经堆放一段时间达到稳定后，再进行干燥、粉碎过筛、装袋销售。

3. 猪场固态粪污的利用

（1）作为肥料　猪粪作肥料还田是最根本的出路。

（2）作培养料　是一种间接用作饲料的办法，与直接用作饲料相比，其饲用安全性较好、营养价值较高，不涉及伦理观念，只是手续和设备较为复杂。可培养单细胞作为蛋白质饲料，或培养酵母等微生物或培养噬菌体；培养蝇蛆、蚯蚓作为饲料；用作食用菌培养料。

4. 周围环境污染对猪场的危害

建场前要重视猪场的选址，猪场不应建在有大量工业废气、废水的附近，如化肥厂、造纸厂、制革厂、屠宰厂等。工厂排出的有害、有毒气体、尘埃及废水中的有毒污染物会危害猪的健康。工厂产生的噪声、附近农田喷洒农药会顺风进入猪场产生不良影响。特别是屠宰厂、制革厂、肉品加工厂等，有可能造成病原微生物的传播，对猪场造成威胁。

猪场应远离主干公路、铁路交通要道（最好在1 000m以上），猪场应与居民区保持1 000m以上的卫生距离。

5. 猪场的卫生防护

猪场卫生防护既防止猪场污染周围环境，又要防止周围环境污染猪场。

（1）大气的卫生防护　合理选择猪场场址、科学规划和布局，采用科学的生产工艺，加强饲养管理和环境管理，实施严格的卫生防疫，粪污及时进行无害化处理，切实搞好猪场的绿化。

猪场的绿化可改善和美化环境，可减少污染，净化空气。据报道，有害气体经绿化地区有25%被吸收，可减少恶臭50%。$1hm^2$阔叶林可吸收1 000kg二氧化碳，放出730kg氧，故可使煤烟中的或动物呼出的二氧化碳减少60%。在猪场内及其周围种植高大树木及林带，能净化、澄清大气中的粉尘，可减少35%～79%；亦可减少空气中的微生物，使细菌总数减少22%～79%。有些树木的花、叶能分泌杀菌物质，杀死细菌、真菌等。含有大肠杆菌的污水，从宽30～40m的松林流过，细菌总数可减少为原有的1/18。树木和植被对噪声具有吸收和反射作用，可减弱噪声的强度。绿化可改善场区热环境状况，夏季树木和草地可分别遮挡50%～90%和80%的太阳直接辐射，由于树木和草地的叶面蒸发量分别比非绿化地带高75倍和25～35倍，因此，绿化地带的气温比非绿化地带低10%～20%，在冬季可使风速降低75%～80%。

（2）水源的卫生防护　猪场多以地下水为水源，一定要加强对水源的保护。在供水井周围100m以内，不准堆放废弃物，严禁设置废水渗水坑。加强对取水、净化、蓄水、配水和输水等设备的管理，建立有效的放水、清洗、消毒、检修制度和操作规程，确保供水质量。

（3）土壤的卫生防护　要妥善处理好猪场的粪便、污水，防止污物污染土壤和地下水源。严禁随意丢弃病死猪，应设尸体处理设施。

一定要重视猪场的环境管理，在搞好猪场环境绿化的基础上，应重视猪场的经常性消毒、定期消毒和突击性消毒，还应当做好防止昆虫滋生和灭鼠的工作，防止野犬进入场内。

主要参考文献

B. 施特尔马赫 . 1992. 酶的测定方法 [M]. 钱嘉洲译 . 北京：中国轻工出版社.
陈清明，王连纯，1999. 现代养猪生产 [M]. 北京：中国农业大学出版社.
程忠刚 . 1999. 高剂量铜对仔猪生长的影响及其机理探讨 [D]. （硕士学位论文），浙江大学.
高丽松 . 1998. 消化生理与保健 [M]. 中国医药科技出版社，173 - 230.
顾宪红 . 1999. 断奶日龄对仔猪肠粘膜形态的影响 [A]. 乳猪营养与饲料研究论文集 [C]. 中国农业科学院畜牧所.
郭传甲，张绍增，1996. 实用养猪学 [M]. 北京：中国农业科技出版社.
郭彤，许梓荣 . 2004. 两歧双歧杆菌体外抑制断奶仔猪肠道病原菌的研究及机理探讨 [J]. 畜牧兽医学报 (6)：2134 - 2139.
韩正康，毛鑫智，1997. 猪的消化生理 [M]. 北京：中国科学出版社.
韩正康 . 1993. 家畜营养生理学 [M]. 北京：中国农业出版社，40 - 50.
何明清 . 1994. 动物微生态学 [M]. 北京：中国农业出版社，40 - 50.
康俊卿，郭传甲，1994. 有机酸和酶与仔猪 [M]. 北京：中国农业科技出版社.
康白 . 1988. 微生态学 [M]. 大连：大连出版社 . 173
李炳坦，赵书广，郭传甲，等，2004. 养猪生产技术手册 [M]. 北京：中国农业出版社.
冷岩，白格勒，谢美华，等，1993. 消化道粘膜保护新药思密达 [J]. (2)：16 - 17.
刘孟洲，2007. 猪的配套系育种与甘肃猪种资源 [M]. 甘肃：甘肃科学技术出版社.
彭健，蒋思文，丁原春，1996. 断奶仔猪饲料中添加甲酸钙、杆菌肽锌及高铜的效果 [J]. 中国畜牧杂志，32 (1)：4 - 6.
宋育 . 1995. 猪的营养 [M]. 北京：中国农业出版社，253
佟建明，张敏红，萨仁娜，等，1996. 抗生素对仔猪生长的影响 [J]. 饲料工业，17 (2)：21 - 22.
许振英，1994. 家畜饲养学 [M]. 北京：中国农业出版社.
许梓荣，1991. 畜禽矿物质营养 [M]. 浙江：浙江大学出版社，160 - 162.

许梓荣，李卫芬，孙建义，2002. 猪胃肠道黏膜二糖酶的性质［J］. 动物学报，48（2）：202-207.

严汝南摘译.1993. 仔猪断奶综合症的发病机理及防治［J］. 国外畜牧科技，20（3）：38-40.

赵书广，2001. 中国养猪大成［M］. 北京：中国农业出版社.

赵昕红，李德发，田福刚，等，1999. 高锌、高铜对仔猪生长性能、免疫功能和抗氧化酶活性的影响［J］. 中国农业大学学报，4（1）：91-96.

张绍增，郭传甲，等，2000. 高效猪的生产（上）［M］. 北京：中国农业科技出版社.

张乔，1994. 饲料添加剂大全［M］. 北京：北京工业大学出版社.

张瑛，2003. 膨润土在畜牧业上的应用［J］. 黑龙江畜牧兽医（6）：64-65.

张经济，1990. 消化道生理学［M］. 中山大学出版社，192-207.

朱培蕾，1992. 饲用金霉素试验临床药效实验报告［J］. 饲料工业，13（6）：24-25.

Albengres E., Urien S., Tillement J. P, et al. 1985. Internation between smectite, a musus stabilizer, and acid and basic drugs [J]. Eur J Clin Pharmacol, 28: 601-605.

Apgar G. A., Kornegay E. T., Lindemann M. D. 1995. Evaluation of copper sulfate and a copper lysine complex as growth promoters for weanling swine [J]. J Anim Sci, 73 (9): 2640-2648.

Braude R. 1967. Copper as a stimulant in pig feeding. World Rev. Anim. Prod, 3 (11): 69-73.

Clarke R. T. J. 1977. The gut and its microorganism. In: Clarke R. T. J. and Bauchop T. (Ed.) Microbial Biology of the Gut. P. 36. Academic Press, London, England, UK.

Conkklin K. A., Vamashiror K. M., Gray G. M. 1975. Humanintestinal surase-isomaltase: identification of free sucrase and isomaltase and cleavage of the hybrid into active distinct subunits [J]. J. Biol. Chem, 250: 5735-5741.

Cromwell G. L., Hays V. W., Clark T. L. 1978. Effects of copper sulfate, copper sulfide, and sodium sulfide on performance and copper stores of pigs [J]. J. Anim. Sci, 46: 692-702.

Cromwell G. L., Stahly T. A., Monegue H. J. 1989. Effects of source and level of copper on performance and liver copper stores in weanling pigs [J]. J Anim. Sci, 67: 2996-3005.

Cromwell G. L. , Stahly T. S. , Williams W. D. 1981. Efficacy of copper as a growth promotant and its interrelation with sulfur and antibiotics for swine [J]. Feedstuffs, 53 (45): 30-34.

Damge C. , Aprahamian M. , et al. 1996. Intestinal absorption of PLAGA microspheres in the rat [J]. J. Anat, (189): 491-501.

Desai M. A. 1992. A study of micromolecular diffusion through native porcine mucus [J]. Experientia, (48): 22-26.

Dove C. R. , Haydon K. D. 1992. The effect of copper and fat addition to the diets of weaning pigs on growth performance and serum fatty acids [J]. J Anmi. Sci, 70: 805-810.

Dove C. R. 1993. The effect of copper addition and various fat sources to the diets of weaning pigs on growth performance and serum fatty acid profiles [J]. J Anmi. Sci, 71: 2187-2193.

Eldridge J. H. , . Hammond C. J, Meulbroek J. A. 1990. Controlled vaccine release in the gut-associated lymphoid tissues. I. Orally administered biodegradable microspheres target the Peyer's patches [J]. J. Control. Rel, (11): 205-214.

Florence A. T. 1998. Evaluation of nano-and microparticle uptake by the gastrointestinal tract [J]. J. Drug Target. 34: 221-233.

Gengelbach G. P. , Spears J. W. 1998. Effects of dietary copper and molybdenum on copper status, cytokine production, and humoral immune response of calves [J]. J Dairy Sci, 81 (12): 3286-3294.

Hampson D. J. , Jacobs L. R. 1986. Alterations in piglet small intestinal structure at weanling [J]. Research in Veterinary Science, 40: 32-41.

Hans Ulrich Bergmeyer. 1983. Methods of Enzymatic Analysis (third edition) [M]. Florida Basel, Volume IV, 208-217.

Hauri H. P. , Quaroni A. , Isselbacher K. J. 1979. Biogenesis of intestinal plasma membrane: post-translational route and cleavage of sucrose-isomaltase [J]. Proc. Natl. Acad. Sci, USA, 76: 5183-5186.

Hays V. W. , Lexongton K. 1987. Antibiotics in swine production: benefits and concerns [J]. Feedstuffs, 4 (6): 13-15.

Hill G. M. , Cromwell G. L. , Crenshaw T. D, et al. 2000. Growth promotion effects and plasma changes from feeding high dietary concentrations of zinc and copper to weanling pigs (regional stady) [J]. J Anim Sci, 78 (4): 1010-1019.

James G. G. D. 1997. Textbook of veterinary physiology. (Second edition) [M]. ISBN

0 - 7216 - 6424 - 5, p. 301 - 330.

Jani P. , Florence A. T. 1992. Nanospheres and microsphere uptake via Peyer's patches: observation of the rate of uptake in the rat after a single oral dose [J]. Int. J. Pharm, (86): 239 - 246.

Johansson M. L. , Molin G. , Jeppsson B. 1993. Administration of different lactobacillus strains in fermented oatmeal soup: in vivo colonization of human intestinal mucosa and effect on the indigenous flora [J]. Appl Environ Microbiol, 59 (1): 15 - 21.

Kelly D. , King T. P. , McFadyen M. 1991b. Effect of lactation on the decline of brush border lactase in neonatal pigs [J]. Gut, 32: 386 - 392.

Krogdahl A. , Sell J L. 1989. Influence of age on lipase, amylase and protease activities in pancreatic tissue and intestinal contents of young turkeys [J]. Poultry Science, 68: 1561 - 1568.

abella F. , Dular T. , Vivian S, et al. 1976. Pituitary hormone releasing of inhibiting activity of metal ions present in bypothalamic extiacts [J]. Biochem Biophys Res Commun, 52: 786 - 791.

Lauridsen C. , Hojsgaard S. , Sorensen M. T. 1999. Influence of dietary rapeseed oil, vitamin E, and copper on the performance and the antioxidative and oxidative status of pigs [J]. J Anim Sci, 77 (4): 906 - 913.

Lefevre M. E. , et al. 1985. Retention of ingested latex particles in Peyer's patches of germfree and conventional mice [J]. Pro. Soc. Exp. Biol. Med, 179: 522 - 528.

Lefevre M. E. 1986. Distribution of label after intragastric administration of Be-Labeled carbon to weaning and aged mice [J]. Pro. Soc. Exp. Biol. Med, (182): 112 - 119.

Lefevre M. E. 1989. Intestinal uptake of fluorescent microspheres in young and aged mice [J]. Pro. Soc. Exp. Biol. Med, (190) : 23 - 27.

Lefevre M. E. , et al. 1978. Accumulation of Latex in Peyer's patches and its subsequent appearance in villi and mesenteric lymph nodes [J]. Pro. Soc. Exp. Biol. Med, (159): 298 - 302.

Luo X. G. , Dove C. R. 1996. Effect of dietary copper and fat on nutrient utilization, digestive enzyme activities, and tissue mineral levels in weanling pigs [J]. J Anim. Sci, 74: 1888 - 1896.

Miller B. G. , James P. S. , Smith M. W, et al. 1986. Effect of weanling on the capacity of pig intestinal villi to digest and absorb nutrients [J]. J Agri. Sci, 107 (3): 579 - 589.

Molin G.，Jeppsson B.，Johansson M. L. 1993. Numerical taxonomy of different lactobacillus spp associated with healthy and diseased mucosa of the human intestines [J]. J Appl. Bacteriol，74 (3)：314 - 319.

Pappo J. 1989. Uptake and translocation of fluorescent latex particles by rabbits Peyer's patch follicle epithelium：a quantitative model for M cell uptake [J]. Clin. Exp. Immunol，(76)：144 - 148.

Riby J. E.，Kertchmer N. 1985. Participation of pancreatic enzymes in the degradation of intestinal sucrase-isomaltase [J]. J. Pedidtr. Gastroenterol. Nutr，4：971 - 979.

Shurson G. C.，Ku P. A.，Waxler G. L. 1990. Physiological relationships between microbiological status and dietary copper levels in the pig [J]. J. Anim. Sci，68 (4)：1061 - 1071.

Siddones R. C. 1972. The influence of the intestinal microflora on disaccharidase activities in the chick [J]. Br. J. Nutr，27：101 - 112.

Uni Z.，Noy Y.，Sklan D. 1999. Post hatch development of small intestine function in the poultry [J]. Poultry Science，78：215 - 222.

Wallace H. D. 1968. Effects of high level copper on performance of growing pigs [J]. Feedstuffs，40：22 - 26.

Zhou W.，Kornegay T. E.，Van Leer H，et al. 1994b. The role of consumption and feed efficiency in copper-stimulated growth [J]. J Anim. Sci，72：2385 - 2391.

Zhou W.，Konegay T. E.，Lindemann M. D. 1994. Stimulation of growth by interavenous injection of copper in weanling pig [J]. J Anim Sci，72：2395 - 2406.

附录　作者发表的与本研究有关的论文

郭彤，胥保华，马玉龙，等，2008. 嗜酸乳杆菌和两歧双歧杆菌体外粘附 Caco—2 细胞及其对病原菌粘附性能的影响［J］. 中国兽医学报（5）：527－531.

郭彤，马玉龙，许梓荣，2007. 纳米载铜蒙脱石对断奶仔猪生长、消化性能及二糖酶活性的影响［J］. 中国畜牧杂志（21）：22－25.

郭彤，许梓荣，赵晶晶，2007. 一种新型肠粘膜保护剂——载铜蒙脱石对肠粘膜屏障功能影响的研究［J］. 中国预防兽医学报（21）：75－80.

马玉龙，郭彤（通讯作者），许梓荣，2007. 纳米载铜蒙脱石对断奶仔猪腹泻、肠道菌群及肠粘膜形态的影响［J］. 中国兽医学报（2）：279－283.

郭彤，许梓荣，2004. 两歧双歧杆菌体外抑制断奶仔猪肠道病原菌的研究及机理探讨［J］. 畜牧兽医学报（6）：2134－2139.

郭彤，许梓荣，2004. 铜离子对引起仔猪腹泻的大肠杆菌 K_{88} 杀菌机理的研究［J］. 中国预防兽医学报，26（2）：127－130.

图书在版编目（CIP）数据

养猪生产基础导论／郭彤编著．—北京：中国农业出版社，2018.6
ISBN 978-7-109-24321-7

Ⅰ.①养…　Ⅱ.①郭…　Ⅲ.①养猪学　Ⅳ.①S828

中国版本图书馆CIP数据核字（2018）第138996号

中国农业出版社出版
（北京市朝阳区麦子店街18号楼）
（邮政编码 100125）
责任编辑　刁乾超　李昕昱

北京中兴印刷有限公司印刷　新华书店北京发行所发行
2018年6月第1版　2018年6月北京第1次印刷

开本：720mm×960mm　1/16　印张：15
字数：210千字
定价：40.00元